"婺八味"
金华本草

陈 旭 主编

U0348099

中国农业科学技术出版社

图书在版编目（CIP）数据

"婺八味"金华本草 / 陈旭主编 . -- 北京：中国农业科学技术出版社，
2023.11

ISBN 978-7-5116-6538-6

Ⅰ.①婺… Ⅱ.①陈… Ⅲ.①中药材 – 介绍 – 金华 Ⅳ.① R282

中国国家版本馆 CIP 数据核字 (2023) 第 215558 号

责任编辑　周　朋
责任校对　王　彦
责任印制　姜义伟　王思文

出 版 者　中国农业科学技术出版社
　　　　　北京市中关村南大街 12 号　　邮编：100081
电　　话　（010）82106631（编辑室）（010）82106624（发行部）
　　　　　（010）82109709（读者服务部）
网　　址　https://castp.caas.cn
经 销 者　各地新华书店
印 刷 者　北京地大彩印有限公司
开　　本　170mm×230mm　1/16
印　　张　16
字　　数　256 千字
版　　次　2023 年 11 月第 1 版　　2023 年 11 月第 1 次印刷
定　　价　68.00 元

编委会成员

序

  中药资源是国家战略资源，中医药发展列入国家战略。"药材好，药才好"，浙江是道地药材资源大省，资源总量和总数均列全国第三位，其中，传统道地药材"浙八味"在国内外享有盛名，为历代医家所推荐；近年来，浙江省在巩固传统优势道地药材的同时，积极培育"新浙八味"做大做强，努力创建"浙产好药"品牌，促进浙江中医药强省建设、中医药改革示范区建设和共同富裕示范区建设。

  2021年，浙江省组织实施国家"浙八味"道地药材优势特色产业集群项目，金华市农业技术推广中心承担了"婺八味"中药材公共品牌创建任务，组织遴选了"婺八味"中药材，制定了《"婺八味"中药材区域公用品牌管理规范》《"婺八味"中药材生产技术规程》标准。为加强"婺八味"中药材宣传推广，本中心又组织编写了《"婺八味"金华本草》。该著作以金华市地方特色中药材为主，分总论和各论两部分；总论介绍了中药发展、中药材研究进展、道地中药材的产地、采收、加工等内容；各论介绍了"婺八味"药材及四味培育品种的地方特色、传承发展、产业现状和特色种植技术。该著作具有鲜明地方特色、历史资料翔实、技术实用性强的特点，可供广大中药材从业者学习参考、技术培训和地方文献保存。

2023 年 8 月

目 录

上篇

总论

第 一 章

中药药理的研究发展

　　中药的发现和应用在我国已有几千年的历史，几千年来，中药的种植、采收、炮制加工、生产、临床应用以及对中药的研究探讨都是在传统的中医药理论指导下进行的，而运用科学的理论和方法去研究和揭示中药的作用、作用机理及产生作用的物质基础等则始于近代。20世纪20年代初，我国学者陈克恢等进行了麻黄、当归等药的药理研究，并于1924年发表了有关麻黄的有效成分药理作用的研究论文《麻黄有效成分——麻黄碱的作用》。研究认为：麻黄中所含的麻黄碱有与肾上腺素类似的药理作用，且其作用持久，其功效与交感神经兴奋剂相同。这是我国学者发表的第一篇具有重要影响的中药药理研究论文，在国内外引起了强烈的反响和广泛的关注，并由此开启了传统中药的近现代科学研究之门。其后，中药药理研究受到国内外医药界的广泛重视，经药理作用研究的中药愈来愈多。20世纪30年代，主要是进行单味药物研究，涉及常用中药50多种。主要有麻黄、当归、乌头、延胡索（元胡）、黄连、防己、贝母、半夏、三七、川芎、何首乌、人参等。20世纪40年代，进行中药药理研究的单味药物更多，但主要研究内容为抗病原微生物中药的发掘与效果验证，其主要成果有抗疟疾药青蒿等和驱蛔药使君子，以及其他单味药如丹参、防风、冬虫夏草、杏仁、远志、五加皮等的药理作用研究。然而，由于20世纪初中国处于战争动乱时代，中药药理研究工作存在着经费短缺、研究条件差、工作进展缓慢等问题，除麻黄一药的药理研究工作较为深入外，其他中药都只是进行了一些初步的研究。而且早期的中药药理研究不重视中药材品种及来源区分鉴定，多是用从药店买回来的中药原料药进行药理研究，而中药原料药的原植物不尽相同，其结果难免出现误差，甚至张冠李戴，走了不少弯路。但是，这一时期的中药药理研究所起到的开创性作用是值得肯定的，而且也形成了一些延续至今的中药药理研究思路，如从中药材中提取其化学成分，通过筛选研究确定其有效成分以及用现代药理学的方法验证中药传统功效等。中药材产业的发展离不开中医药的进步，以及了解中药的药理。进入21世纪以来，中药药理学科建设更进一步，中药药理学的研究领域不断拓展，研究方法日益先进。在研究领域方面，中药代谢药动学研究和中药安全性评价研究备受重视，尤其是与中药药性、功效与主治相互联系的中药药理研究以及复方配伍规律和复方药效物质基础的研究日益增多，中药安全性评价研究受到重视，中药及复方的系统毒理学、器官毒理学、细胞毒理学、遗传毒理学研究已取得显著成绩；在研究方法方面，中药血清药理学方法、中药脑脊液药理研究方法、中药毒理评价方法等的开展，以及中药药理病证动物模型的建立、现代分子生物学技术的应用，使中药药理研究水平从整体深入到组织器官、细胞、亚细胞、分子生物学水平及基因水平层面；特别是基因组学、蛋白组学、代谢组学、膜片钳、细胞内微电极、基因探针、细胞重组、离子通道、细胞因子、神经递质，以及受体功能等众多的新技术、新方法也已成为中药药理学研究热点。此外，用计算机自动控制、图像分析处理、机器人、分子雷达、光学相干色谱仪、超微技术、微透析技术、DNA生物芯片、单细胞与活体分析技术等建立中药细胞与分子药理模型，以及能在活体细胞核分子水平上进行中药药理研究的新原理、新方法、新技术的探索已经起步，这些使中药的药理研究深入到一个更加全面、更加微观的世界。中药对人体生理、病理过程的作用和影响不断被揭示，中药治病的传统理论和现代科学原理正在不断地被现代科学研究所证实。中药药理学的认识和发展，是中医药与现代科学结合的产物，可以看作是传统中药药性的现代理论解释和应用。

第 二 章

中药药性机理的研究发展

中药药性理论是中医药学理论体系中的重要组成部分，也是中药学的主要特色。中药药性理论是对中药作用性质和特征的概括，是以人体为观察对象，依据用药后的机体反应归纳出来的，是几千年来临床用药经验的结晶，也是指导中医临床用药的重要依据。它包括中药的性味、归经、升降浮沉、配伍、禁忌、毒性等，一般认为，中药的四气、五味是药性理论的核心内容。

一、中药四性（气）的现代研究

中药的四性（亦称四气）是指中药寒、热、温、凉四种不同的药性，它反映药物在影响人体阴阳盛衰、寒热变化方面的作用趋向，是说明中药作用性质的概念之一。其中温热与寒凉是属于两类性质不同的属性，而温与热、寒与凉则分别为同一属性，只是程度上有差异，温次于热，凉次于寒。此外，还有一些平性药，是指药性不甚明显，作用较缓和，不产生明显偏热、偏寒反应的药物。药性的寒、热、温、凉是从药物作用于机体所发生的反应概括出来的，是与所治疾病的寒热性质相对而言的。一般认为，凡能够减轻或消除热证的药物，属于寒性或凉性，寒凉性质的药物多具有清热、解毒、凉血、滋阴、泻火等功能。反之，凡能够减轻或消除寒证的药物，属于温性或热性，温热性质的药物多具有祛寒、温里、助阳、补气等功能。故热证用寒凉药，寒证用温热药，是中医临床辨证用药的一条重要原则。现代药理研究表明，不同药性的药物对机体产生的药理作用是截然不同的。有研究将寒凉药和温热药给动物长期服用，观察其对自主神经系统和内分泌功能的影响，结果发现由知母、石膏、黄柏、龙胆草组成的复方（寒Ⅰ）和由黄连、黄芩、黄柏组成的复方（寒Ⅱ）煎液给大鼠灌服 2～3 周，可不同程度地引起心率减慢，尿内儿茶酚胺、17-羟皮质类固醇（17-OHCS）排出量减少，氧耗量降低；单味黄连、黄芩、黄柏亦使尿中儿茶酚胺排出量减少，表明寒凉药可使交感-肾上腺系统功能降低。由附子、干姜、肉桂、党参、黄芪、白术组成的复方（热Ⅰ），可使大鼠心率加快，饮水量增多，尿内儿茶酚胺、17-OHCS 排出量增多；由附子、干姜、肉桂组成的复方（热Ⅱ）可使上述指标略有升高，耗氧量明显增多；单味附子、干姜、肉桂亦可使尿中儿茶酚胺排出量增多，表明温热药可使交感-肾上腺系统功能增强。临床研究亦有相似的结果，在临床上热证病人大多有交感-肾上腺系统功能偏亢的表现，寒证患者多表现为交感-肾上腺系统功能偏低，这些病人分别用以寒凉药或温热药为主的方剂治疗后，观察到寒凉药除使热证患者的热象减退外，还能使病人的心率、体温以及尿内儿茶酚胺、17-OHCS 排出量等指标降低。而温热药除了使病人的寒象缓解外，亦能使病人上述的各项生理生化指标提高。说明寒凉药具有抑制温热药增强交感-肾上腺系统功能活动的作用。寒凉药与温热药对心血管、性腺、甲状腺、代谢、神经系统也往往表现出不同的影响，一般来说，温热药多偏于兴奋，寒凉药多偏于抑制。如寒凉药钩藤、羚羊角、牛黄、冰片等多有镇静、抗惊厥等中枢抑制作用，而温热药麻黄、天仙藤、独活、五加皮等大多有兴奋中枢作用。有人分别给动物灌服龙胆草、黄连、黄柏、银花、连翘、生石膏等寒凉药（寒证造模）和灌服附子、干姜、肉桂等温热药（热证造模），再给以电刺激，发现寒证大鼠痛阈值和惊厥阈值均升高，热证大鼠痛阈值和惊厥阈值均降低，表明寒凉药能使动物中枢处于抑制增强状态，而温热药则能使动物中枢兴奋功能增强。实验表明，温热药鹿茸、麻黄、桂枝、干姜、肉桂和以附子、干姜、肉桂组成的复方及麻黄附子细辛汤均能提高实验大鼠、小鼠的耗氧量，而寒凉药生石膏、龙胆草、知母、黄柏所组成的复方则明显降低大鼠耗氧量。亦观察到热性方药四逆汤能增加大鼠饮水量，寒凉药生石膏、黄连解毒汤可减少其饮水量，表明温热药对代谢功能有增强作用，寒凉药则表现为抑制作用。

在临床上，中医诊断为热证的患者，其主要表现有身热（体温升高或不升高）、口渴喜冷饮、面红目赤、口苦、尿黄少、舌红、苔黄、脉数。由于热邪损伤的脏腑或部位不同，可产生相应的临床症状，如痰黄（肺热）、身黄目黄（肝胆热）、惊厥抽搐（肝热）、胃脘灼热（胃热）、烦躁不安、神昏谵语（心热）、局部红肿热痛、发斑（热毒）、低热、潮热、盗汗（虚热）等。中医热证常见于西医感染性疾病、变态反应与结缔组织疾病，以及高血压、甲亢、血液病、恶性肿瘤、自主神经功能紊乱等。热证客观指标通常有心率增加、体温升高、血压升高、血糖升高、耗氧量增加、饮水量增加。热证实质为交感-肾上腺系统兴奋，代谢加快，中枢神经系统兴奋，以及炎症病理反应等，根据中医"热者寒之"的治则，应该使用寒凉药。寒凉药的药理作用以抑制为主，有以下几个方面。①抑制作用。寒凉药对于病理性功能亢进的系统有多方面的抑制作用，从而起到改善临床症状的效果。②抗感染作用。寒凉药具有抗感染的作用。病原微生物可引起机体产生热性症状，而许多寒凉药，尤其是清热解毒药和清热燥湿药，如金银花、连翘、黄连、黄芩、黄柏、白头翁等，可通过抗菌、抗真菌、抗病毒、抗毒素、抗炎症、促进免疫等多种途径的综合作用控制微生物感染，在根本上减少机体对病原微生物的反应，使过高的体温下降，产热减少。③抗肿瘤作用。按中医临床辨证，肿瘤属热性，具有抗肿瘤作用的药物从药性上讲大多是寒凉药，如白花蛇舌草、青黛、三尖杉、山豆根、山慈菇、苦参等寒凉药能通过抑制肿瘤细胞增殖、促进免疫等途径，达到抗实体肿瘤生长的效果。

温热药能对抗寒证患者的病理变化。寒证的临床表现有畏寒肢冷、口淡不渴、喜温、面色青白、小便清长、大便稀薄、咳痰、流涕清稀色白、身体局部冷痛得热则减、舌淡、苔白、脉迟。中医寒证常见于现代医学各种原因所致的低血压、某些心血管系统疾病、慢性消耗性疾病后期、内分泌功能减退性疾病、营养不良、体质衰弱。寒证的客观指标是心率减慢、体温偏低、血压偏低、耗氧量减少、饮水量减少、心力衰竭、生殖功能减退，消化功能减弱。按中医理论"寒者热之"的治则，应选用温热药治疗。温热药的药理作用大多表现为兴奋性，并且能纠正多个系统的功能低下状况，使之趋于或恢复正常。温热药的药理作用主要有以下几个方面。①兴奋交感-肾上腺系统。如附子、干姜、肉桂、鹿茸等温热药。②兴奋心血管系统。大多数温热药如乌头、附子、干姜、细辛、麻黄、吴茱萸、高良姜、丁香、花椒等对心血管系统表现出强心、正性肌力、正性频率、收缩外周血管、升高血压等兴奋作用。③促进能量代谢。寒证患者的基础代谢偏低，温热药如人参、鹿茸、何首乌、肉桂、麻黄等能通过促进甲状腺激素的分泌，促进糖原分解，升高血糖而增强能量代谢，使产热增多。

二、中药五味的现代研究

五味，就是指药物的辛、甘、酸、苦、咸五种味道，事实上中药的五味不完全是味觉反应，有些药物的味是根据临床功效的归类而确定的，故药味的含义包括两个方面：第一是指药物本身的真实滋味，即通过味觉器官而能感受到的真实味道；第二是代表药物药性作用的标志。中药的"药味"是用以总结、归纳中药功效，并推演出临床应用的一种标志，并不一定反映其真实滋味。中药通过五味——五类基本物质作用于疾病部位，产生固有的药理作用，从而调节人体阴阳，固本祛邪，清除疾病。所以说，古人用五味作为药物功效的重要依据是有一定科学性的。

（一）辛味药

辛味药辛味，有发散、行气、行血或润养的作用。辛味药中性温热者占大多数，辛味药主入肝、脾、肺经。一般用于治疗表证的药物，如麻黄、细辛，或治疗气滞血瘀的药物，如木香、红花，以及某些滋补药，如菟丝子等都有辛味。辛味药的化学成分以挥发油为最多，其次为各种苷类及生物碱等。在药理作用方面，辛味药主要有发汗、解热、镇静、镇痛、中枢兴奋作用，对消化系统和心血管系统也有显著作用。其药理作用主要有以下几个方面。

1. 发汗、解热作用

大多数辛味药，如麻黄、桂枝、生姜、薄荷等所含的挥发性成分能兴奋中枢神经系统，扩张皮肤毛细血管，促进微循环，兴奋汗腺使汗液分泌增加，从而起到发汗、解热作用，是辛味药解除表证的药理作用基础。

2. 抗菌、抗病毒、抗炎作用

辛味药如麻黄、桂枝、防风、细辛、金银花、连翘、柴胡等有较好的抗菌、抗病毒、抗炎作用，对多种细菌、病毒等微生物有显著的抑制作用，对多种实验性炎症也有很好的抗炎作用。

3. 调节胃肠平滑肌运动

大多数具有辛味的理气药能显著调节胃肠平滑肌运动，理气药的行气消胀功效与其对胃肠平滑肌的调节作用是有密切关系的。如青皮、厚朴、木香、砂仁等能抑制胃肠道平滑肌，降低肠管紧张性，缓解痉挛而止痛；枳实、大腹皮、乌药、佛手等则能兴奋胃肠道平滑肌，使紧张性提高，胃肠蠕动增强而排出肠胃积气。这些药物对于胃肠平滑肌运动有兴奋或抑制作用，利于缓解呕吐、腹泻、腹胀、便秘等脾胃气滞症状。

4. 改善血流动力学和血液流变学，抗血栓形成

丹参、川芎、桃仁、水蛭、穿山甲、莪术、益母草等辛味药具有较好的扩张血管作用，能扩张冠状动脉、脑动脉或外周血管，缓解组织的缺血缺氧情况；而丹参、赤芍、川芎、益母草、蒲黄等能显著改善血液的浓、黏、凝、聚状态，纠正微循环障碍，通过多种途径减少血栓形成。这些作用都是辛味药活血化瘀功效的基础。

5. 平喘作用

麻黄、杏仁、苏子、陈皮、厚朴等辛味药有显著的平喘作用。这些药物抑制支气管平滑肌痉挛、缓解哮喘症状的作用，是其宣肺平喘、行气消胀、治疗肺气壅滞的药理作用基础。

（二）甘（淡）味药

甘（淡）味药甘味，有补益、和中、缓急等作用。淡味药一般是附于甘味药之下的，淡味药主要有利水渗湿作用。一般用于治疗虚证的滋补强壮药如党参、熟地黄，养阴生津药如葛根、知母、生地黄，缓和拘急疼痛、调和药性的药物如甘草、饴糖、大枣等皆有甘味。据统计，甘味药主要分布在补虚、利水渗湿、消食、安神的药中，有统计表明，各类补虚药中甘味药占81.5%。此外，甘味药在清热、解表、收涩、止血、化痰、平肝的药中亦占有一定的数量。甘味药所含的化学成分以糖类为最多，其次为蛋白质、氨基

酸及苷类等机体代谢所需的营养物质。而淡味药则多含有较多量的钾盐。甘（淡）味药的主要药理作用是影响免疫系统、神经系统、内分泌系统、血液系统及代谢，主要体现在以下几个方面。

1. 增强肾上腺皮质功能

补气药如人参、黄芪、白术、刺五加、甘草，补血药如当归、何首乌、熟地黄，补阴药如生地黄、玄参、知母，补阳药如鹿茸、杜仲、淫羊藿、肉苁蓉、仙茅等甘味药均有增强下丘脑—垂体—肾上腺皮质功能的作用。这些药物通过增强肾上腺皮质功能来调节内分泌系统功能，从而实现其补气、补阴、补血与补阳的临床功效。

2. 促进和调节免疫功能

黄芪、人参、党参、当归、灵芝、黄精、枸杞、刺五加、茯苓等甘味药对机体的免疫功能有较好的促进或调节作用，能不同程度地增强非特异性免疫或特异性免疫，提高人体的抗病能力。

3. 增强造血功能

人参、黄芪、当归、党参、熟地黄、灵芝、茯苓、刺五加、淫羊藿、冬虫夏草、何首乌等甘味药能显著刺激骨髓造血功能，促进红系祖细胞和粒系祖细胞的增殖，增加外周血细胞数量。甘味中药补血、补气和生血功效具有现代药理基础。

4. 改善性功能

鹿茸、淫羊藿、肉苁蓉、黄狗肾、冬虫夏草、刺五加等甘味药具有雄性激素或雌性激素样作用，能促进前列腺、精囊、睾丸的生长，增加血浆睾酮含量，兴奋性腺轴功能，改善性功能，提高生殖能力。这种作用是甘味药补益作用尤其是补阳作用的现代药理学基础。

5. 解毒作用

甘草可以通过物理、化学方式沉淀、吸附、加强肝脏解毒功能等途径来实现其解毒作用。甘草可沉淀毒性生物碱；甘草甜素在肝脏分解为甘草次酸和葡萄糖醛酸，后者与毒物结合而解毒；甘草次酸有肾上腺皮质激素样作用，能提高机体对毒物的耐受力；甘草酸锌可通过诱导金属硫蛋白（MT）降低顺铂的毒性。蜂蜜有解毒作用，以多种形式使用均可减弱乌头毒性，且以加水同煎的解毒效果最佳；蜂蜜还可降低化疗药物的毒副作用。

6. 解痉、镇痛、镇静作用

代表药物有甘草、白芍、当归等。甘草所含的FM100和异甘草素等黄酮类化合物对乙酰胆碱、氯化钡、组胺等引起的肠管痉挛性收缩有解痉作用。白芍所含的芍药苷也有解痉作用，并与甘草中的FM100有协同作用。白芍还有明显的镇痛、镇静作用。当归中所含的挥发油及阿魏酸具有抑制子宫平滑肌收缩作用，对痛经患者有止痛作用，当归水提物对腹腔注射醋酸引起的小鼠扭体反应也有明显的抑制作用，表明其有镇痛作用。这些现代药理作用与甘味药的缓急止痛功效是相吻合的。

7. 利尿作用

主要是淡味药，如茯苓、猪苓、泽泻、萹蓄、金钱草等均具有显著的利尿作用，其利尿作用与所含的钾盐有关。这也是淡味药利水渗湿功效的药理学基础。

（三）酸（涩）味药

酸（涩）味药酸味，有收敛、固涩作用。因在五味中，酸与涩共存者较多，且二者功效相近，故将涩味附于酸味之下。酸（涩）味药的具体功效是止泻、止遗、止血、止带、止汗、止咳喘，多见于收涩药中，在止血药中也占有一定的数量。酸味药大多含有酸性成分如枸橼酸、苹果酸、抗坏血酸等，涩味药主要含有鞣质。酸（涩）味药的药理作用主要有止泻、止血、抗菌、消炎等，其药理作用主要有以下几个方面。

1. 凝固组织蛋白而发挥止泻、止血和消炎作用

酸（涩）味药诃子、石榴皮、五倍子、儿茶、金樱子等含有较多的鞣质，鞣质能与黏膜的组织蛋白结合，生成不溶于水的鞣酸蛋白，沉淀或凝固于黏膜表面形成保护层，从而减少有害物质对肠黏膜的刺激，起到收敛止泻作用；若鞣质与出血创面接触，鞣质与血液中的蛋白结合形成鞣质蛋白而使血液凝固，堵塞创面小血管，或使局部血管收缩，起到止血、减少渗出的作用。这就是酸（涩）味药收敛固涩功效的药理学基础。

2. 抑制细菌生长

五味子、石榴皮、乌梅、五倍子、马齿苋、儿茶、金樱子等中药所含的

有机酸和鞣质有一定的抗菌活性，对于金黄色葡萄球菌、链球菌、伤寒杆菌、痢疾杆菌及一些致病性真菌具有抑制作用，利于控制感染，减轻消化道、呼吸道、阴道、皮肤慢性炎症反应。它们的抑菌作用一般与它们的酸性有一定关系，如乌梅的抑菌作用与其制剂呈酸性有密切关系，如将其制剂调至中性，则对金黄色葡萄球菌的抑制作用强度减弱一半。

3. 镇咳、镇静、安神作用

五味子、乌梅、诃子等酸（涩）味药有显著的镇咳作用，用于久咳不止有较好效果；五味子、酸枣仁、诃子等对于神经系统有明显的镇静、催眠作用，能减少动物的自主活动，抗惊厥，促进动物睡眠并延长睡眠时间。这些都是酸（涩）味药收敛肺气止咳以及收敛心神功效的药理学基础。

4. 减少肠蠕动

诃子、乌梅等酸味药能减轻肠内容物对于神经丛的刺激作用，降低小肠、结肠蠕动，缓解腹泻、腹痛等临床症状，这是其收敛止泻、安蛔止痛功效的药理学基础。

5. 抑制蛔虫

酸味药乌梅、石榴皮等能造成酸性肠道环境，可使蛔虫麻痹，活动受抑制而被动排出。

（四）苦味药

苦味药苦味，能泄、能燥、能降、能坚。能泻肺气以平喘止咳，降胃气以治呕吐、呃逆，通泄大小便，疏泄肝、胃之气，清泻邪热，燥湿坚阴。苦味药主要分布在清热、泻下、祛风湿、理气、驱虫、止血、活血化瘀、化痰止咳平喘药中，在解表及利水渗湿药中亦有一定数量。苦味药中以寒凉性为主，占 55% 以上，温热性占 25% 左右，有 15% 左右是平性药。苦味药中的苦寒药以含生物碱和苷类成分为主，苦温药则主含挥发油成分。药理作用以抗感染及影响消化系统（如泻下、行气药）、呼吸系统（如平喘化痰止咳药）、心血管系统（如活血化瘀药）等为主，其药理作用主要有以下几个方面。

1. 抗菌、抗病毒作用

黄连、黄芩、黄柏、连翘、板蓝根、贯众、穿心莲、蒲公英等为数众多的苦味药具有广泛的抗致病性细菌、真菌、病毒作用，对于病原微生物的抑制作用，体现了苦味药的清热泻火解毒的功效。

2. 抗炎作用

大黄、黄连、黄芩、连翘、龙胆草、苦参、白鲜皮、柴胡等苦味药都有抗炎作用，能抑制多种原因引起的小鼠耳郭及大鼠足肿胀，抑制醋酸诱导的小鼠腹腔毛细血管通透性。

3. 通便作用

大黄、虎杖、芦荟、番泻叶、生首乌等苦味药所含的结合型蒽醌苷，以及其他苦味药所含的牵牛子苷、芫花酯等，能刺激大肠黏膜下神经丛，使肠管蠕动增强而促进大便排出，体现了苦味药的泻下通便作用。

4. 止咳平喘作用

苦杏仁、桃仁、半夏、桔梗、柴胡、川贝母、百部等苦味药能抑制咳嗽中枢，有镇咳作用。麻黄、苦杏仁、款冬花、浙贝母等能扩张支气管平滑肌，具有平喘作用。缓解咳嗽、哮喘作用是苦味药降泻肺气功效的药理学基础。

（五）咸味药

咸味药咸味，有软坚散结、泻下作用，多用于治疗瘰疬、痰核、痞块及热结便秘等。咸味药尚有息风止痉、补肾壮阳作用。咸味药主要分布在化痰药，多来自矿物、动物及海产类，其化学成分以蛋白质、氨基酸以及钠、钾、钙、镁、碘等无机盐为多。其药理作用以影响免疫、内分泌、神经系统者偏多，主要药理作用有以下几个方面。

1. 抗增生作用

水蛭、虻虫、穿山甲、土鳖虫、鳖甲、白花蛇、夏枯草、玄参等咸味药具有抗癌细胞增殖或抗结缔组织增生的作用，这是其软坚散结功效的药理学基础。

2. 抗甲状腺肿大作用

海产类咸味药昆布、海藻、海蛤壳、海浮石等富含碘，对缺碘造成的单纯性甲状腺肿大具有防治作用，这是其软坚散结功效的药理学基础之一。

3. 镇静、抗惊厥作用

牛黄、全蝎、地龙、琥珀、僵蚕、水牛角、蜈蚣、玄参、磁石等具有咸味的中药，尤其是动物类药材，具有良好的镇静、抗惊厥作用，这是其息风止痉功效的药理学基础。

4. 改善性功能

鹿茸、蛤蚧、海马、黄狗肾等咸味动物药具有显著的性激素样作用，能改善性功能，这是其补肾壮阳功效的药理学基础。

第 三 章

中药材的产地、采收、加工

第一节　中药材产地与中药质量的关系

中药质量与许多因素有关，中药材产地是影响中药质量的重要因素之一。中药有效成分的形成和积累与其生长的自然条件有着密切的关系。《神农本草经》载："土地所出，真伪陈新，并各有法。"《本草经集注》指出："诸药所生，皆有境界。"还列出 40 多味药材的最佳生境。《新修本草》亦载："离其土，则质同而效异。"《本草纲目》云："性从地变，质与物迁。"这些传统理念都充分说明产地与药材质量的相关性。我国土地辽阔，同种药材会因产地不同（土壤、气候、光照、降雨、水质等各异）有质量上的差异。例如：防风产于东北三省及内蒙古，引种到南方后，其药材常分枝，且木化程度增高，与原有的性状特征相差很大；葛根因产地不同成分变化幅度较大（5～6 倍），葛根素的含量 1.04%～6.44%，总黄酮的含量 1.42%～7.88%；不同产地的甘草其甘草酸的含量 1.16% ～ 6.11%，高值与低值相差约 5 倍。这直接影响中药质量的可控性，也会导致临床疗效的差异，因此，《中药材生产质量管理规范》要求规范化种植中药材，在建立种植基地时一定要选择该药材生长最适宜的地域。

一、道地药材

（一）道地药材的定义

道地药材（又称地道药材）是指药材质优效佳，这一概念源于生产和中医临床实践，数千年来被无数的中医临床实践所证实，有着丰富的科学内涵。作为一个约定俗成的古代药物标准化的概念，道地药材是源于古代的一项辨别优质中药材质量的独具特色的综合标准，也是中药学中控制药材质量的一项独具特色的综合判别标准。通常认为："道地药材就是指在一特定自然条件和生态环境的区域内所产的药材，并且生产较为集中，具有一定的栽培技术和采收加工方法，质优效佳，为中医临床所公认。"对"道地"的解释大致有两种。一是："道地"亦作"地道"，本指各地特产，后来演变成货真价实、质优可靠的代名词。二是："道"指按地区区域划分的名称，唐贞观元年，政府根据自然形势，把全国划分为关内、河内、河东、河北、山南、淮南、江南、陇石、剑南、岭南十道，以后各朝沿用了此区域划分方法，只是"道"的数目有所改变；"地"指地理、地带、地形、地貌。在药名前多冠以地名，以示其道地产区。如西宁大黄、宁夏枸杞、浙贝母、杭白芍、秦艽、辽五味、关防风、怀地黄等。例外的情况是有少数药材药名前所冠的地名不是指产地，而指进口或集散地，例如：广木香，并非广州所产，而是经广东传入；藏红花亦非西藏所产，而是经西藏传入。

（二）道地药材形成的原因

1. 自然环境对道地药材形成的影响

道地药材与自然环境相关性的研究分为两个方面。一是从基因水平上研究物种与自然环境相关性，物种的遗传变异与自然环境的关系。目前认为在道地药材的形成中，优良的物种基因是决定其品质的内在因素。从生态学的角度讲，长期的环境演变与同时期的空间异质决定了物种基因，因此从基因与环境相关性的角度研究道地性是解释道地性的基础。对"南药"广藿香不同产地间的叶绿体和核基因组的基因型与挥发油化学型的关系研究发现，广藿香基因序列分化与其产地、所含挥发油化学变异类型呈良好的相关性，基因测序分析技术结合挥发油分析数据可作为广藿香道地性品质评价方法及物种鉴定的强有力工具。二是自然环境与道地药材相关性的研究。从生态环境层次研究道地药材的生境特点，包括地质环境、土壤环境、大气环境、水环境、群落环境等。不少学者就生态环境对道地药材的影响进行了研究。道地金银花最适合的土壤类型是中性或稍偏碱性的砂质土壤，且要求土壤的交换性能较高；对当归栽培土壤理化性质研究表明，甘肃岷县当归栽培土壤的物理性状、有机质和矿质元素含量综合因子最佳；对三七的水环境及大气环境研究结果表明，1月的降水量和年温差是影响三七总皂苷含量的关键因子，降水量影响三七体内黄酮的累积，而对总皂苷、多糖和三七素的累积有抑制作用；对芍药野生和栽培的群落环境研究结果表明，长期大面积单种栽培芍药，其基因发生变异，基因多样度降低；对黄连生长的地形地貌研究结果表明，同一时期生长在低海拔处的根茎质量和小檗碱含量高于高海拔处。

2. 植物内生菌、土壤微生物对道地药材形成的影响

植物内生菌是指那些在其生活史的一定阶段或全部阶段生活于健康植物的各种组织和器官内部的真菌或细菌。内生菌一方面作用于宿主植物次生代谢相关的基因表达，进而激活或增强宿主植物次生代谢相关酶的活力，促使宿主植物产生新的次生代谢产物或增强产生某些次生代谢产物的能力；另一方面影响植物的物质代谢，产生生理活性物质（生物碱、激素等）来改变植物的生理特性。例如，采用离体共培养的方式研究4种内生真菌对金钗石斛无菌苗生长及其多糖和总生物碱含量的影响，研究结果表明，4种内生真菌都能提高金钗石斛中多糖的含量，其提高的量分别为153.4%、52.1%、18.5%、76.7%，而只有内生真菌MF23能使金钗石斛总生物碱含量提高18.3%。土壤中的微生物是土壤的重要组成部分，其分解有机物质，释放各种营养元素，既营养自己，也营养植物。同时，植物根系分泌物对土壤微生物有重要影响，有些植物的根系分泌物能促进某一类或几类微生物数量的增加；相反，有些植物根系分泌物却不利于微生物的生长，甚至产生抑制效果。因此，道地药材与其长期生长的土壤中微生物的协同互生关系值得进一步深入研究。在农业生态学方面的研究表明，土壤微生物对植物的根际营养起着分解有机物、释放与贮蓄养分的积极作用，充分发挥土壤微生物的活力，可以增加土壤有机质的含量，提高土壤肥力，疏松土壤，改善土壤结构，使土壤质量大大提高，进而改善植物生长的土壤环境，提高植物对杂草的竞争能力和对病虫害的抵抗能力。

3. 栽培与加工对道地药材形成的影响

药材的栽培对于道地药材的形成起到至关重要的作用，许多道地药材系栽培品种。首先，药材物种存在遗传多样性，同种药材具有丰富的种质资源供选择。其次，人工的方法可进行定向的育种。再次，选择适宜的土壤及生态气候条件，有利于有效物质的积累。最后，规范精细的栽培耕作技术及合适的采收、加工方法，能保证一旦新的优质品种形成，就可用合适的方法将种质固定保存下来。如人参的优质品种大马牙，地黄的优质品种金状元、小黑英等。很多道地药材就地取材，野生种变家种的引种、试种为道地药材的形成创造了条件，如浙江磐安的贝母、东阳的元胡；安徽亳州的菊花、河南怀庆府的地黄等均已有数百年栽培历史，成为优质道地药材，并积累了较成熟的栽培技术。独特、优良的加工技术是道地药材道地性的保证。在道地药材产区形成过程中，人们积累了大量的加工技术和经验，这些技术和经验保证了道地药材与非道地药材的品质差异，形成药材的道地性优势。例如，川附子的加工，通过用胆巴水浸泡，然后煮沸、水漂、染色等步骤制成盐附子、黑顺片、白附片等品种，制成的加工品毒性低、品质优、临床治疗效果明显。

（三）常用的道地药材

目前常用的道地药材包括以下 11 种。

（1）川药。主产地四川、西藏。如川贝母、川芎、黄连、川乌、附子、麦冬、丹参、干姜、白芷、天麻、川牛膝、川楝子、川楝皮、川续断、花椒、黄柏、厚朴、金钱草、五倍子、冬虫夏草、麝香等。

（2）广药。又称"南药"，主产地广东、广西、海南及台湾。如阳春砂、广藿香、广金钱草、益智仁、广陈皮、广豆根、蛤蚧、肉桂、桂莪术、苏木、巴戟天、高良姜、八角茴香、化橘红、樟脑、马钱子、槟榔等。

（3）云药。主产地云南。如三七、木香、重楼、茯苓、萝芙木、诃子、草果、儿茶等。

（4）贵药。主产地贵州。如天冬、天麻、黄精、杜仲、吴茱萸、五倍子、朱砂等。

（5）怀药。主产地河南。如著名的"四大怀药"——地黄、牛膝、山药、菊花，以及天花粉、瓜蒌、白芷、辛夷、红花、金银花、山茱萸等。

（6）浙药。主产地浙江。如著名的"浙八味"——浙贝母、白术、浙元胡、玄参、杭白芍、杭白菊、笕麦冬、温郁金等，以及后起之秀铁皮石斛、灵芝、金佛手、衢枳壳等。

（7）关药。主产地山海关以北、东北三省及内蒙古东部。如人参、鹿茸、辽细辛、辽五味子、防风、关黄柏、龙胆、平贝母、刺五加、升麻、桔梗、哈蟆油、甘草、麻黄、黄芪、赤芍、苍术等。

（8）北药。主产地河北、山东、山西以及内蒙古中部。如党参、酸枣仁、柴胡、白芷、北沙参、板蓝根、大青叶、青黛、黄芩、香附、知母、山楂、金银花、连翘、桃仁、苦杏仁、薏苡仁、小茴香、大枣、香加皮、阿胶、全蝎、土鳖虫、滑石、代赭石等。

（9）江南药。主产地长江以南，南岭以北（湘、鄂、苏、赣、皖、闽等）。如茅苍术、南沙参、太子参、明党参、枳实、枳壳、牡丹皮、木瓜、乌梅、艾叶、薄荷、龟板、鳖甲、蟾酥、蜈蚣、蕲蛇、石膏、泽泻、莲子、玉竹等。

（10）西药。主产地"丝绸之路"的起点西安以西的广大地区（陕、甘、宁、青、新及内蒙古西部）。如大黄、当归、秦艽、秦皮、羌活、枸杞子、银柴胡、党参、紫草、阿魏等。

（11）藏药。主产地青藏高原地区。如著名的"四大藏药"——冬虫夏草、雪莲花、炉贝母、藏红花，以及甘松、胡黄连、藏木香、藏菖蒲、余甘子、毛诃子、麝香等。

第二节　采收与中药质量的关系

中药质量的好坏，取决于有效物质含量的多少。有效物质的含量与产地以及采收的季节、时间、方法等有着密切的关系，这方面早已被历代医家所重视。陶弘景谓："其根物多以二月八月采者，谓春初津润始萌，未充枝叶，势力淳浓也。至秋枝叶干枯，津润归流于下也。大抵春宁宜早，秋宁宜晚，花、实、茎、叶，各随其成熟尔。"李杲谓："凡诸草、木、昆虫，产之有地；根、叶、花、实，采之有时。失其地，则性味少异；失其时，则气味不全。"孙思邈亦云："夫药采取，不知时节，不以阴干暴干，虽有药名，终无药实，故不依时采取，与朽木不殊，虚费人工，卒无裨益。"民间也有采药谚语："春采茵陈夏采蒿，知母、黄芩全年刨，九月中旬采菊花，十月上山摘连翘。"这些宝贵经验，已被长期实践所证实。天麻茎未出土时采称"冬麻"，质坚体重，质佳；茎已出土时采为"春麻"，质轻泡，质次；槐花中芦丁的含量在花蕾期可达28%，花期则急剧下降；甘草中甘草酸(甘草甜素)的含量在生长初期为6.5%，开花前期为10.5%，生长末期为3.5%。所以适时采收可以提高中药的质量。这些采收的理论是长期实践经验的总结，是由植物体的不同生长阶段、药用部分的成熟程度以及能采收的产量和难易所决定的。

一、中药适宜采收期确定的一般原则

确定中药的适宜采收期，必须把有效成分的积累动态与药用部分的产量变化等因素结合起来考虑。一般以药材质量的最优化和产量的最大化为原则，而这两个指标有时是不一致的，所以必须根据具体情况来确定。中药材适宜采收期确定的一般原则如下。

①双峰期，即有效成分含量高峰期与产量高峰期基本一致时，共同的高峰期即为适宜采收期。许多根及根茎类中药，在秋冬季节地上部分枯萎后和春初植物发芽前或刚露苗时，既是有效成分高峰期，又是产量高峰期，这个时期就是它们最适宜采收期。如莪术、郁金、姜黄、天花粉、山药等。

②当有效成分的含量有一显著的高峰期，而药用部分的产量变化不大时，此含量高峰期，即为适宜采收期。如三颗针的根在营养期与开花期小檗碱含

量差异不大，但在落果期小檗碱含量增加一倍以上，故三颗针根的适宜采收期应是落果期。

③有效成分含量无显著变化，药材产量的高峰期应为最适宜采收期。如秦艽中有效成分龙胆苦苷含量三年生时最高，但是这时药材的产量低，不适宜采挖，四年生秦艽中龙胆苦苷含量稍有降低，但产量增加显著，且药材外观质量得到提高，因此最适宜采收年限确定为四年。

④有效成分含量高峰期与产量不一致时，有效成分总含量最高时期即为适宜采收期。如牡丹皮五年生者含丹皮酚最高为3.71%，三年生者为3.20%，两者的含量差异并不显著，且三年生者少两年生长期，故综合考虑以三年生者为最佳采收年限。对多年生药用植物适宜采收期生长年限的选择，应根据有效成分含量高峰期，兼顾产量高峰期，经综合分析来确定。某些全草类药材，有效成分存在于各种器官中，而各器官中物质的积累在不同的发育阶段又各不相同。所以，单凭一种器官中有效成分的积累动态确定合理的采收期是不可行的。

⑤有些药材，除含有效成分外，尚含有毒成分，在确定适宜采收期时应以药效成分总含量最高、毒性成分含量最低时为宜。

二、中药采收的一般规律

利用传统的采药经验，根据各种药用部位的生长特点，分别掌握合理的采收季节是十分必要的。在采收中药时要注意保护野生药源，计划采药，合理采挖。凡用地上部分者要留根，凡用地下部分者要采大留小，采密留稀，合理轮采；轮采地要分区封山育药。动物药类，如以锯茸代砍茸、活麝取香等都是保护野生动物的有效办法。

（一）植物药类

植物药类不同的药用部分，采收时间也不同。

1. 根及根茎类

一般在秋冬两季植物地上部分将枯萎时及春初发芽前或刚露苗时采收，此时根或根茎中贮藏的营养物质最为丰富，通常所含有效成分也比较高，如牛膝、党参、黄连、大黄、防风等。有些中药由于植株枯萎时间较早，则在夏季采收，如浙贝母、延胡索、半夏、太子参等。但也有例外，如明党参在春季采集较好。

2. 茎木类

一般在秋冬两季采收，此时有效物质积累丰富，如关木通、大血藤、首乌藤、忍冬藤等。有些木类药材全年可采，如苏木、降香、沉香等。

3. 皮类

一般在春末夏初采收，此时树皮养分及液汁增多，形成层细胞分裂较快，皮部和木部容易剥离，伤口较易愈合，如黄柏、厚朴、秦皮等。少数皮类药材于秋、冬两季采收，此时有效成分含量较高，如川楝皮、肉桂等。根皮通常在挖根后剥取，或趁鲜抽去木心，如牡丹皮、五加皮等。采皮时可用环状、半环状、条状剥取或砍树剥皮等方法。如杜仲、黄柏采用"环剥技术"，即在一定的时间、温度和湿度条件下，将离地面15～20厘米处向上至分枝处的树皮全部环剥下来，剥皮处用塑料薄膜包裹，不久便长出新皮，一般3年左右可恢复原状。

4. 叶类

多在植物光合作用旺盛期，开花前或果实未成熟前采收，如艾叶、臭梧桐叶等。少数药材宜在秋、冬时节采收，如桑叶等。

5. 花类

一般不宜在花完全盛开后采收，开放过久几近衰败的花朵，不仅颜色和气味不佳，而且有效成分的含量也会显著减少。花类中药，宜在含苞待放时采收的有金银花、辛夷、丁香、槐米等；宜在花初开时采收的有洋金花等；宜在花盛开时采收的有菊花、西红花等；红花则要求在花冠由黄变红时采摘。对花期较长、花朵陆续开放的植物，应分批采摘，以保证质量。有些中药如蒲黄、松花粉等不宜迟收，过期则花粉自然脱落，影响产量。

6. 果实、种子类

一般果实多在自然成熟时采收，如瓜蒌、栀子、山楂等；有的在成熟经霜后采摘为佳，如山茱萸经霜变红、川楝子经霜变黄时；有的采收未成熟的幼果，如枳实、青皮等。若果实成熟期不一致，要随熟随采，过早肉薄产量低，过迟肉松泡，影响质量，如木瓜等。种子类药材须在果实成熟时采收，如牵牛子、决明子、芥子等。

7. 全草类

多在植物充分生长、茎叶茂盛时采割，如青蒿、穿心莲、淡竹叶等；有的在开花时采收，如益母草、荆芥、香薷等。全草类中药采收时大多割取地上部分，少数连根挖取全株药用，如金钱草、蒲公英等。茵陈有两个采收时间，春季幼苗高 6～10 厘米时或秋季花蕾长成时。春季采的习称"绵茵陈"，秋季采的习称"花茵陈"。

8. 藻、菌、地衣类

不同的药用部位，采收情况也不一样。如茯苓在立秋后采收质量较好；马勃宜在子实体刚成熟时采收，过迟则孢子散落；冬虫夏草在夏初子座出土孢子未发散时采挖；海藻在夏、秋两季采捞；松萝全年均可采收。

（二）动物药类

动物药因不同的种类和不同的药用部位，采收时间也不同。大多数均可全年采收，如龟甲、鳖甲、五灵脂、穿山甲、海龙、海马等。昆虫类药材，必须掌握其发育和活动规律。以卵鞘入药的，如桑螵蛸，应在3月中旬前收集，过时虫卵孵化成虫影响药效。以成虫入药的，均应在活动期捕捉，如土鳖虫等。有翅昆虫，可在清晨露水未干时捕捉，以防逃飞，如红娘子、青娘子、斑蝥等。两栖动物类、爬行类宜在春秋两季捕捉采收，如蟾酥、各种蛇类药材；亦有霜降期捕捉采收的，如哈蟆油。鹿茸需在清明后 45～60 天 (5月中旬至7月下旬) 锯取，过时则骨化为角。

（三）矿物药类

矿物药类采收没有季节限制，全年可挖。矿物药大多结合开矿采掘，如石膏、滑石、雄黄、自然铜等；有的在开山掘地或水利工程中获得动物化石类中药，如龙骨、龙齿等。有些矿物药系经人工冶炼或升华方法制得，如轻粉、红粉等。

第三节　中药的加工

中药材采收后，除少数要求鲜用（如生姜、鲜石斛、鲜芦根等）外，绝大多数需进行产地加工或一般修制处理。根及根茎类药材采挖后一般要经过挑选，洗净泥土，去除毛须，然后干燥；有的需先刮去外皮使色泽洁白，如沙参、桔梗、山药、半夏；有的质地坚硬或较粗，需趁鲜切片或剖开后干燥，如天花粉、苦参、狼毒、商陆、乌药；有的富含黏液质或淀粉粒，需用开水稍烫或蒸后干燥，如天麻、百部、延胡索、郁金。皮类药材一般在采收后修切成一定大小而后晒干；或加工成单筒、双筒，如厚朴；或先削去栓皮，如黄柏、牡丹皮。叶类及全草类药材含挥发油较多，一般采后通风阴干；花类药材在加工时要注意花朵的完整和保持色泽的鲜艳，通常是直接晒干或烘干。果实类生药一般采后直接干燥；有的经烘烤、烟熏等加工过程，如乌梅；或经切割加工，如枳实、枳壳、化橘红。种子类药材通常是采收干燥后的果实去果皮取种子，或直接采收种子干燥；也有将果实干燥贮存，使有效成分不致散失，用时取种子入药，如决明子。

一、产地加工的意义

中药材加工的意义在于以下 5 点。

1. 保证药材质量

通过除去杂质（沙石、泥土、虫卵等）及非药用部位，以保证所用药材的质量。有些含苷类的药材，经加热处理，能使其中相关的酶失去活性，便于苷类成分药效的保存。

2. 便于临床用药调剂和有效成分的煎出

在供临床调配处方时，所用药材除细小的花、果实、种子外，一般均需切制或捣碎，使有效物质易于煎出。一些矿物药和贝壳类药物，质地坚硬，不利于调剂和制剂，如自然铜、磁石、穿山甲等只有经过炮制才能进行调剂和制剂。

3. 利于运输、贮藏、保管

通过产地简单加工、干燥后的药材，利于运输。而蒸制桑螵蛸，则是为了杀死虫卵，便于药材贮藏保管。

4. 消除或降低毒性、刺激性或其他副作用

有些药物的毒性很大，通过浸、漂、蒸、煮等加工方法，可以降低其毒性，如附子等。有些药材的表面有毛状物，如不除去，服用时可能黏附或刺激咽喉的黏膜，使咽喉发痒，甚至引起咳嗽，如枇杷叶、狗脊等。

5. 利于药材商品标准化

中药材要想进入国际市场，商品规格要统一，内在质量要保证，要想达到这些标准，药材加工是一个重要环节。

二、产地加工的方法

由于中药的品种繁多，来源不一，其形、色、气、味、质地及含有的物质不完全相同，因而对产地加工的要求也不一样。一般说来都应达到形体完整、含水分适度、色泽好、香气散失少、不变味（玄参、生地、黄精等例外）、有效物质破坏少等要求，才能确保用药质量。这里仅介绍产地加工和一些简单的加工方法。

1. 拣

将采收的新鲜药材中的杂物及非药用部分拣去，或是将药材拣选出来。如牛膝去芦头、须根；白芍、山药除去外皮。药材中的细小部分或杂物可用筛子筛除。或用竹匾或簸箕，簸去杂物或分开轻重不同之物。

2. 洗

药材在采集后，表面多少附有泥沙，要洗净后才能供药用。有些质地疏松或黏性大的软性药材，在水中洗的时间不宜长，否则不利切制，如瓜蒌皮等。有些种子类药材含有大量的黏液质，下水即结成团，不易散开，故不能水洗，如葶苈子、车前子等可用簸筛等方法除去附着的泥沙。应当注意，具有芳香气味的药材一般不用水淘洗，如薄荷、细辛等。

3. 漂

是用水溶去部分有毒成分，如半夏、天南星、附子等。另外有些药材含有大量盐分，在应用前需要漂去，如咸苁蓉、海螵蛸、海藻、昆布等。漂的方法，一般是将药材放在盛有水的缸中，天冷时每日换水2次，天热时每日换水2～3次。漂的天数根据具体情况而定，短则3～4天，长则2个星期。漂的季节最好在春秋两季，因这时温度适宜。夏季由于气温高，必要时可加明矾防腐。

4. 切片

较大的根及根茎类、坚硬的藤木类和肉质的果实类药材大多趁鲜切成块、片，以利干燥。如大黄、土茯苓、乌药、鸡血藤、木瓜、山楂等。但是对于某些具挥发性成分或有效成分容易氧化的药材，则不宜提早切成薄片干燥或长期贮存，否则会降低药材质量，如当归、川芎、常山、槟榔等。

5. 去壳

种子类药材，一般把果实采收后，晒干去壳，取出种子，如车前子、菟丝子等；或先去壳取出种子而后晒干，如白果、苦杏仁、桃仁；但也有不去壳的，如豆蔻、草果等，以保持其有效成分不致散失。

6. 蒸、煮、烫

含黏液汁、淀粉或糖分多的药材，用一般方法不易干燥，需先经蒸、煮或烫处理，以易于干燥。加热时间的长短及采取何种加热方法，视药材的性质而定。如白芍、明党参煮至透心，天麻、红参蒸透，红大戟、太子参置沸水中略烫，鳖甲烫至背甲上的硬皮能剥落时取出剥取背甲等。药材经加热处理后，不仅容易干燥，有的便于刮皮，如明党参、北沙参等；有的能杀死虫卵，防止孵化，如桑螵蛸、五倍子等；有的熟制后能起滋润作用，如黄精、玉竹等；有的不易散瓣，如菊花。同时可使一些药材中的酶类失去活力，不致分解药材的有效成分。

7. 熏硫

有些药材为使其色泽洁白，防止霉烂，常在干燥前后用硫黄熏制，如山药、白芷、天麻、川贝母、牛膝、天南星等。这是一种传统的加工方法，但该法不同程度地破坏了环境和药材的天然本质，是否妥当，尚需深入研究。

8. 发汗

有些药材在加工过程中用微火烘至半干或微煮、蒸后，堆置起来发热，使其内部水分往外溢，变软，变色，增加香味或减少刺激性，有利于干燥。这种方法习称"发汗"。如厚朴、杜仲、玄参、续断等。

9. 干燥

干燥的目的是及时除去药材中的大量水分，避免发霉、虫蛀以及有效成分的分解和破坏，利于贮藏，保证药材质量。可根据不同的药材选择不同的干燥方法。

（1）晒干。利用阳光直接晒干，这是一种最简便、经济的干燥方法。多数药材可用此法，但需注意：①含挥发油的药材不宜采用此法，以避免挥发油散失，如薄荷、金银花等；②有效成分不稳定，受日光照射后易变色变质者，不宜用此法，如白芍、黄连、大黄、红花及一些有色花类药材等；③有些药材在烈日下晒后易爆裂，如郁金、白芍、厚朴等。

（2）烘干或低温干燥。利用人工加温的方法使药材干燥。一般温度以 50～60℃为宜，此温度对一般药材的成分没有大的破坏作用，同时抑制了酶的活性，因酶的最适温度一般在 20～45℃。对含维生素 C 的多汁果实药材可用 70～90℃的温度迅速干燥。但对含挥发油或须保留酶的活性的药材，不宜用此法，如薄荷、芥子等。应注意，对富含淀粉的药材如欲保持其粉性，烘干温度须缓缓升高，以防淀粉粒遇高热发生糊化。

（3）阴干、晾干。将药材放置或悬挂在通风的室内或荫棚下，避免阳光直射，利用水分在空气中的自然蒸发而干燥。主要适用于含挥发性成分的花类、叶类及草类药材，如薄荷、荆芥、紫苏叶等。有的药材在干燥过程中易皮肉分离或空枯，因此必须进行揉搓，如党参、麦冬等。有的药材在干燥过程中要进行打光，如光山药等。

（4）远红外加热干燥。红外线介于可见光和微波之间，是波长为 0.76～1 000 微米的电磁波，一般将 50～1 000 微米区域的红外线称为远红外线。远红外加热技术是 20 世纪 70 年代发展起来的一项新技术。干燥的原理是电能转变为远红外线辐射出去，被干燥物体的分子吸收后产生共振，引起分子、原子的振动和转动，导致物体变热，经过热扩散、蒸发或化学变化，最终达到干燥目的。它与日晒、火力热烘、电烘烤等法比较，具有干燥速度快、脱水率高、加热均匀、节约能源以及对细菌、虫卵有杀灭作用等优点。近年来常用于药材、饮片及中成药等的干燥。

（5）微波干燥。微波是指频率为 $1 \times 10^{9} \sim 1 \times 10^{11}$ 赫兹、波长为 $3 \sim 300$ 毫米的高频电磁波。微波干燥实际上是一种感应加热和介质加热，药材中的水和脂肪等能不同程度地吸收微波能量，并把它转变成热能。本法具有干燥速度快、加热均匀、产品质量高等优点。一般比常规干燥时间缩短几倍至百倍以上，且能杀灭微生物及霉菌，具消毒作用。经试验对首乌藤、地黄、生地、草乌及中成药六神丸等效果较好。

下篇

各论

第四章　浙贝母

第一节　浙贝母历史传承

浙贝母（*Fritillaria thunbergii* Miq.）为百合科贝母属多年生草本。因形如聚贝子，故名贝母，又称象贝、元宝贝、大贝等。浙贝母药用部分主要是干鳞茎。花蕾、贝芯、贝芯蒂也都用作成药原料。现也将全株入药，以提取生物碱。浙贝母是止咳化痰的主要药材，临床上应用广泛，传统中成药羚羊清肺丸、清肺止咳丸、通宣理气丸、养阴清肺丸、二母宁嗽丸等均以浙贝母为主要原料。浙贝母为浙江传统道地药材"浙八味"之一，在国内外享有盛誉，浙江贝母产量占全国总产量的70%左右。

浙贝母在浙江有悠久的栽培史。北宋嘉祐六年（1061）《本草图经》就载有"越州贝母"，是浙贝母相关记载之始，随后《重修政和经史证类备急本草》（《政和本草》）、《图经衍义本草》续有记载。明代《本草品汇精要》的贝母文中特立"道地"一项，赫然只书"峡州"及"越州"，可知明代中期已形成浙贝、川贝均属道地的观念。清代《本草从新》记载，"浙江产形大，亦能化痰、散结、解毒"；《本草纲目拾遗》记载，"出象山者名象贝"。民国时期《药物出产辨》记载："浙贝母产浙江宁波府。"现代《中华本草》记载："浙贝母主产于浙江，江苏等地亦产。销全国并出口。"

第二节　浙贝母生物学特性与产地自然环境

一、浙贝母生物学特性

（一）浙贝母品种

浙贝母产区在长期的栽培实践中，经过筛选，培育出以下几个主要品种。

1. 浙贝 1 号

浙贝 1 号（狭叶贝母）是浙贝母地方品种樟村浙贝经系统选育而成的，2007 年通过浙江省认定（认定编号：浙认药 2007001）。全生育期 220～230 天。株高 50～70 厘米，主茎粗 0.6～0.7 厘米、直立、圆柱形，二秆较多。鳞茎表皮黄白色，呈扁球形，直径 3～6 厘米，鳞片肥厚，多为 2 片，少数 3 片；叶片深绿色，披针形，全缘，下部叶多对生或互生，中部叶多轮生，每株花 5～7 朵，总状排列，倒钟状，淡黄色或黄绿色，花被 6 片，有棕色方格状斑纹；雄蕊 6 枚，子房 3 室，雌蕊柱头三裂。蒴果棕黄色，卵圆形，具 6 枚宽翅，成熟时背裂，种子扁平，近圆形。折干率 28%～30%。田间表现对灰霉病、黑斑病、腐烂病等抗性较强。

2. 浙贝 2 号

浙贝 2 号（宽叶贝母）是从鄞州章水浙贝母地方种的变异株中发现的宽叶型贝母，经系统选育而成，2013 年通过浙江省审定［审定编号：浙（非）审药 2013001］。全生育期约 235 天。株高约 55 厘米。茎直立，茎粗约 0.6 厘米，圆柱形。主茎基部棕色或棕绿色，中部为棕绿过渡色，上部为绿色。二秆比浙贝 1 号少，叶色淡绿，叶宽大于浙贝 1 号。枯萎前的植株茎叶呈竹

「婺八味」金华本草

叶色，色泽淡于其他品种。地下鳞茎表皮乳白或奶黄色，呈扁圆形，直径3～6厘米，单个鳞茎重30克左右。鳞片肥厚，多为2片，抱合紧，鳞茎完整。总状花序，一般每株有花4～8朵，淡黄色或黄绿色。植株始枯迟，但枯萎速率快于浙贝1号，尤其是二秆枯死快。对灰霉病、干腐病和越夏期间鳞茎腐烂病的抗性比浙贝1号强。折干率28%～30%。繁殖系数1.0～1.2。

3. 浙贝3号

浙贝3号是采用系统选育方法从浙贝母地方种多籽贝母变异株中优选、培育出的新品种（认定编号：浙认药2018014-3），2012—2016年连续开展该品种的特性考评、抗病性鉴定、小区品比和区域试验研究。结果表明，浙贝3号出苗早、枯苗迟，出苗后平均生育期100天左右，比对照浙贝1号和浙贝2号增加6～12天；其鳞茎繁殖系数约为1：2.6；贝母素甲和贝母素乙总量平均为0.172 2%，比对照分别提高4.49%、29.47%；抗病性鉴定显示其对鳞茎干（软）腐病表现为抗病，优于对照。浙贝3号性状表现稳定、丰产性好、品质优、抗病性较强、繁殖系数适中，适宜在浙江省浙贝母产区种植。

（二）浙贝母形态特征

浙贝母（图4-1）为多年生草本植物，高30～80厘米。地下鳞茎呈球形或扁球形，直径2～6厘米，高2～4厘米，由2～3瓣（少数4瓣）肉质鳞片组成，鳞茎基盘下部着生数条至数十条须根。鳞茎一般具有两个芯芽，鳞茎和芯芽着生在鳞茎基盘上。茎直立，圆柱形，高30～100厘米，光滑无毛，上有蜡质；一般每株有2个主茎并生，主茎基部附生1～2个侧芽。茎最下面的叶对生或散生，上部常兼有散生、对生和轮生；叶片披针形，长6～15厘米，宽0.5～2.5厘米，先端渐尖或卷须状，全缘无柄。花1～6朵，钟状，俯垂，淡黄色，有时稍带淡紫色；顶端花具3～4枚叶状苞片，其余具2枚苞片，苞片先端卷曲；花被片6枚，长椭

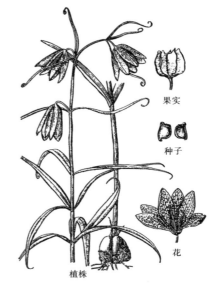

果实

种子

花

植株

图4-1　浙贝母

圆形，长2～4厘米，宽1～1.5厘米，内外轮相似，内面具紫色方格斑纹，基部上方具蜜腺；雄蕊6枚，长约为花被片的2/5，花药近基着生，花丝无小乳突；柱头裂片长1.5～2毫米。蒴果卵圆形，6棱，长2～2.2厘米，宽约2.5厘米，棱上有宽6～8毫米的翅。种子扁平，近半圆形，边缘有翼，质轻，淡棕色，千粒重约3克。花期3—4月，果期4—5月。

1. 根

浙贝母的根为须根系。一年生植株，仅有细根1条，由胚根发育而成，直伸土中，生活到地上植株倒苗之后逐渐枯萎。从第二年起，根的数量逐年增多，多达十余条甚至数十条，皆生自鳞茎盘的基部。每年8月中下旬开始发根，向下延伸，横向扩展不大，到入冬前根系已基本形成。

浙贝母的根系按其功能可分为两类：一是吸收根，主要作用是吸收水分和营养物质，为数较多，细而长，根毛发达；二是收缩根，粗壮，外皮具有环状皱纹。浙贝母在逐年生长过程中，借助收缩根可使宿存鳞茎逐渐移向土层深处，这是浙贝母对环境的适应性。

浙贝母的根系是逐年更新的，当地上生活期结束后，老根逐渐枯萎，新根便在更新芽基部逐渐发育而成。

2. 茎

浙贝母的茎按其形态和功能的不同可分为两种类型，即地上直立茎和地下鳞茎。

（1）地上直立茎。浙贝母生长的第一年至第三年，实生苗尚无地上茎（少数在第三年形成地上茎），自第四年起开始形成茎秆，直立，一般高10～60厘米，逐年增长，直至生长盛期。浙贝母的地上茎除起营养物质输送的作用外，主要是同化器官和繁殖器官生长和发育的场所。地上茎仅存于浙贝母的地上生活期间，而且是逐年更新，当年的地上茎随着地上生活期的结束而枯萎，新的地上茎是贝母地下生活期间由更新芽的生长、分化、发育而成的。

（2）地下鳞茎。浙贝母具有肥大多肉质的地下鳞茎，近球形，一般由2～3个肥大的肉质鳞瓣和具有数片鳞叶的芯芽合抱组成。在地上生活期间，随着同化器官功能的增强和同化物的下移，鳞茎个体迅速增长，直到倒苗时达到最大值。在地下生活期间，鳞茎便成为更新芽的生长、分化、发育以及来年幼苗生长所需养料的供给者。

浙贝母鳞茎也是逐年更新的，新鳞茎是由更新芽外包的鳞叶发育而成的，在地上生活期开始以后逐渐形成。随着新鳞茎的增长，母鳞茎逐渐消失。

3. 叶

叶片在其个体发育过程中形态上发生着较大而有规律的变化。在浙贝母生活的第一年，由种子萌发的植株仅有 1 片线形叶，由子叶发育而成，具有细而长的叶柄，基出。二至三年生植株，具 1 ～ 2 片披针形叶，由鳞茎中的叶发育而成，基出，有细长的叶柄伸至地面，直立，构成第 2 ～ 3 龄浙贝母的地上植株，地上生活期结束时枯萎。四年生以上的植株叶片数量增多，由于具有地上茎，叶生于茎上；下部叶对生或互生，中部的轮生，上部的互生，均无柄；条形至披针形，长 6 ～ 17 厘米，宽 0.5 ～ 2.5 厘米，先端卷曲或稍弯曲。

4. 花

每株有花 1 ～ 6 朵，顶生花具苞片 3 ～ 4 枚，侧生花具苞片 2 枚，苞片叶状，先端卷曲；花钟状，下垂，生于茎顶或上部叶的叶腋，淡黄绿色，有时稍带淡紫色，花被片 6 枚，2 轮排列，内外轮相似，长 2.5 ～ 3.5 厘米，宽约 1 厘米；雄蕊 6 枚，长约为花被片的 2/5，花药近基着生，花丝近基着生，花丝无小乳突；子房上位，3 室，柱头 3 裂，裂片长 1.5 ～ 2 毫米（图 4-2）。花期 3—4 月。

5. 果实与种子

果期 4—5 月，蒴果卵圆形，长约 2 厘米，具 6 棱，有宽 6 ～ 8 毫米的翅。种子多，扁平，边缘有翅，千粒重 3 克。

图 4-2　浙贝母花

（三）浙贝母生长发育特征

浙贝母是多年生宿根草本植物，从种子播种到新种子形成需 5 ～ 6 年的时间。用鳞片繁殖在 3 ～ 5 年开花结实。浙贝母种子成熟期为 5 月，成熟后及时播种，播后 1～2 个月开始发芽，首先生出胚根，胚根生长较快。胚根生长时，胚芽渐渐分化长大，胚芽发育成越冬芽后进入冬眠期，所以浙贝母种子播种当年不出土。一年生实生苗均为 1 片披针形小叶，不过浙贝母的叶片比平贝母、川贝母宽大。二年生小苗多数仍为 1 片披针形小叶，但叶片较宽大，少数为 2 片披针形小叶，俗称"双飘带"。三至四年生实生小苗开始抽茎，茎上有叶 4～12 片，无花，俗称"四平头""树枝儿"。五至六年生植株开始开花结实，俗称"灯笼秆""八卦锤"。以后每年开花结实。

浙贝母完成一个生长周期，需要一年时间，分为生长活动期和鳞茎休眠期两个阶段。在浙江（以下生长物候期均以浙江为例），一般从 9 月中下旬开始鳞茎的根与芽明显生长，经出苗、生长到翌年 5 月中下旬地上部分枯萎为生长活动期；从地上部分枯萎起，到 9 月中下旬为鳞茎休眠期，在休眠期中，鳞茎仍进行着呼吸以及芽的后熟等变化活动，但从外表上不易发现。

1. 芽的分化

浙贝母在休眠期间，芽的后熟及分化十分微小缓慢；到 9 月进入生长活动期后，芽的分化明显加快；到 10 月上旬，生长点上就可以明显看到许多突起；到 11 月中旬，芽中的幼穗已分化得十分清楚，已能决定将来在茎上有多少片叶子；到 12 月中旬，在芽中已明显地可以看到花中的雄蕊，如果用手剥开幼芽，肉眼也可以看出芽中的花蕾。在内部不断分化的同时，芽也不断伸长，早期伸长得比较缓慢，到 12 月中旬，芽长还不到 2 厘米；而到 12 月下旬以后，芽就迅速伸长。平贝母、川贝母鳞茎中心只有 1 个芽，所以鳞茎出苗只有 1 个苗，而浙贝母、伊贝母鳞茎中心有 2 个芽，故每鳞茎长出 2 个苗，形成 2 个鳞茎。浙贝母双茎率在 90% 以上，伊贝母双茎率为 60% 左右。伊贝母、浙贝母鳞茎较大，如一年生浙贝母鳞茎直径约 3 毫米，鲜重 0.15 克左右；二年生鳞茎直径为 6～8 毫米，鲜重 0.4～1.3 克；三年生为 12～29 毫米，鲜重 2～10 克；四年生为 20～40 毫米，鲜重 8～20（35）克；五年生直径达 50～60 毫米，鲜重 40 克左右，最大为 60 克。平贝母、川贝母鳞茎较小，五至六年生鳞茎直径约 20 毫米，鲜重 10 克左右。

2. 根的生长

在休眠期中，鳞茎在土中藏 4 个月之久，但不发根。而进入生长活动期时，根就不断伸出生长。一个鳞茎中的几十条根不是同时伸出鳞片，而是陆续伸出，历时 1 个月左右。根伸出鳞片后不断生长，直到第二年 3 月中下旬，根的总重量、分布深度和广度都达到了最高峰，4 月以后根基本上不再增长，达到动态平衡，以后略有下降，但继续保持它的吸收能力，直到植株枯萎。

3. 出苗

浙贝母多于春季 1—2 月出苗，因气候不同而有迟早，早的年份在 1 月下旬出苗，迟的年份则在 2 月中旬出苗。从出苗到齐苗经 10 天左右，二秆（地下的分枝）的出土，在 2 月底到 3 月初，比主秆（主茎）要迟 3 周左右。浙贝母 2—3 月出苗后茎叶伸长并现蕾，花期 3—4 月，5 月以后便枯萎进入夏眠期，全生育期约 100 天。夏眠后期，根、芽分化，8—9 月须根生长，越冬芽逐渐长大，10—12 月为冬眠期。

4. 地上部分茎叶生长

浙贝母出苗以后，茎就不断增长。主秆长到 3 月下旬或 4 月上旬时为最高，以后直到枯萎不再增高。出苗后主秆的增高，主要是节间的伸长，节数并不增加，节的数量早在未出苗时就已分化完成。二秆出土后 10 天内增长最快，增长持续 1 个月左右，直到 4 月上中旬停止伸长。

浙贝母的叶在出土时紧包着，出土后逐渐向外展开，叶面积不断向外增大，但叶片数在出土后并不增多（在未出土前早已分化完成）。叶面积在 3 月中下旬增长最快。

从以上浙贝母茎叶增长情况可以看出，浙贝母的营养生长旺盛时期主要在 3 月，只有在这段时间内满足其各方面的需求，才能获得良好的营养生长，有了良好的营养生长基础才有良好的生殖生长（高产），因此，加强 3 月以前的管理非常重要。

5. 种鳞茎的养分消耗

浙贝母种鳞茎内有较多的养分贮藏，出苗前几个月根的生长、芽的分化都要依靠它来供应养分，出苗后种鳞茎还在起一定作用。种鳞茎的养分在根的生长、芽的分化时期不断消耗，到出苗时消耗一半左右，到 3 月底内部养分全部消耗完毕。

6. 鳞茎和芽的更新

浙贝母鳞茎的生长不是鳞片数目的增多或鳞片的加厚，而是年年更新，即老鳞茎腐烂，重新形成 1 个或 2 个新鳞茎。新鳞茎是由更新芽芽鞘内部 2～5 个鳞片基部膨大而成的。夏眠后，根、芽生长的后期，芽鞘基部开始膨大，形成鳞片。冬眠后伴随茎叶生长，新鳞茎逐渐长大，开花后鳞茎生长最快，到枯萎时新鳞茎停止生长。新鳞茎的体积和老鳞茎的体积、环境有密切关系。在疏松肥沃的土壤和凉爽湿润的条件下，鳞茎生长得大；在贫瘠的板结土壤或干旱、高温的条件下，鳞茎长得小。通常条件下，1 个浙贝母鳞茎更新为 1 个新鳞茎，在鳞茎更新过程中，老鳞茎鳞片上形成许多小鳞茎，待老鳞茎腐烂后，小鳞茎脱离母体便形成了新的独立的小鳞茎，产区把此类鳞茎称为子贝。

浙贝母的芽也是年年更新，每年芽的更新都是在新鳞茎进入夏眠后开始的。浙贝母枯萎后，鳞茎中心的生长点在适宜的条件下分化出 3～7 枚鳞片原基和茎、叶、花原基，夏眠后，分化的鳞片原基渐渐长大形成芽鞘，与此同时，分化的茎、叶、花原基在芽鞘内渐渐长大，发育成茎、叶、花的雏体，茎、叶、花雏体形成时，芽的形态已发育健全，进入生理后熟阶段，接着进入冬眠，翌春萌发出土，长成茎、叶、花。

7. 开花结子

随着浙贝母茎叶的生长，年内形成的花蕾逐渐在茎顶端露现。花梗开始是伸直的，到花将要开放时，花梗向下弯曲，花蕾下垂，花瓣倒挂金钟状开放。植株上的花是由下而上开放的。一般大田在 3 月上中旬花蕾下垂，3 月中下旬花蕾开放，3 月底到 4 月上旬花谢。1 朵花从花蕾下垂到开放需 3～10 天，从花开放到花谢需 5～7 天。大田开花初期到花谢初期需 2 周左右。

中国科学院植物研究所研究认为，浙贝母为虫媒异品种授粉植物，具有自花不亲和的特性。因此，在单一品种栽培下，开花后不能结果或结果率很低（4% 左右），经采用异品种人工授粉或异品种植株混合种植（通过虫媒授粉）后，结果率可达 80%～95%。浙贝母结果后的花梗又向上伸直，果实朝天着生。花谢后经 40 天种子成熟，当时植株已基本枯萎，可收获种子。种子有后熟过程，收后不能立即发芽。

8. 枯萎

浙贝母在浙江自 4 月下旬或 5 月上旬开始由上而下逐渐枯萎，到 5 月中下旬全株枯黄。枯萎的时期主要是由其遗传性所决定的，但也受气候条件影响，初夏高温（30℃）来得早，枯萎期也早；其他如种鳞茎小、有病虫害、根系生长差、干旱缺水、多年连作等情况也会使枯萎期提早。延迟枯萎期能促使鳞茎充分膨大，提高产量，因此，必须积极采取各种有效措施来推迟枯萎期，以提高单位面积总产量。

9. 种胚后熟和上胚轴的休眠

浙贝母的种子具有形态后熟和生理后熟的特性。如自然成熟的浙贝母种子，长 3～4 毫米，厚约 1 毫米，种胚处于球形胚或心形胚初级阶段，给予适宜的温度条件，也不能在短时期内萌发，在适宜条件下（13～14℃）需 50～60 天才能萌发生根。胚根生出后，胚芽渐渐分化并长大，但由于上胚轴需要的低温生理休眠没有得到满足，胚芽长到一定长度就停止生长，待胚轴经过生理低温后才能萌发。浙贝母种子在 8～10℃ 条件下 60 天可完成形态后熟，在自然条件下存放 1 年，其活力显著降低。

10. 夏眠与冬眠

浙贝母生长发育需要凉爽湿润的环境条件。生育期间遇到高温（30℃以上），其生长受到抑制，便枯萎进入夏眠。温度高不仅抑制生长也抑制分化。我国多数地区夏季温度高，不利于浙贝母芽分化与生长，所以栽培浙贝母夏季要适当遮阴。浙贝母夏眠期温度较高，夏眠后给予 22℃ 条件就可生根，鳞茎上的芽也渐渐长大。当芽长到一定程度时，由于生理低温没有得到满足，便再次停止生长进入冬眠。

11. 营养繁殖

浙贝母可以进行有性和营养繁殖，其营养繁殖能力较强。如浙贝母的鳞茎分瓣或鳞片纵切若干块，在适宜的条件下都可以形成新个体。由于种子繁殖和鳞茎分瓣或鳞片切条繁殖形成的新个体较小，生产上多采用整鳞茎栽种。1 个浙贝母种鳞茎栽种后，可形成 2 个新鳞茎（双鳞茎），双鳞茎率在 90% 以上。除了整个鳞茎、鳞茎分瓣、鳞片纵切能够形成新的个体，鳞片上还可形成许多小的新鳞茎（子贝）。一般三年生浙贝母鳞茎就能产生子贝，1 个直径为 1 厘米以上的鳞茎每年可形成 20～50 个子贝。子贝的生长发育与种子繁殖相似。

二、主产区生态环境

（一）气候条件

1. 温度

浙贝母喜温凉的气候条件。在出苗前 10 天内，平均地温在 6 ～ 7℃时才能出苗。根的生长适温要求在 7 ～ 25℃，以 15℃左右为最宜，6℃以下根停止生长，25℃以上因温度过高而抑制生长。试验表明，在休眠期中给予适当的低温浙贝母也能发根。浙贝母地上部分正常生长发育的温度范围为 4 ～ 30℃，在这个范围内，气温越高，生长速度越快。气温低于 4℃植株几乎停止生长，在 -3℃时植株受冻害，叶子萎蔫。气温高达 30℃以上时，植株顶部就有枯黄现象。在 5 厘米土层日平均温度在 10 ～ 25℃时鳞茎才能正常生长膨大，高于 25℃将导致鳞茎休眠，50℃左右鳞茎会死亡，-6℃时鳞茎受冻害严重。开花适宜气温在 22℃左右，但 6 ～ 28℃均能开花。

2. 水分

浙贝母要求湿润的土壤环境。一般要求土壤含水量为 10% ～ 30%。据试验，土壤含水量达 27% 左右时最利于浙贝母生长，土壤含水量降为 6% 时，植株就不能生长。发根时土壤水分含量以 20% ～ 28% 为宜，土壤含水量在 10% 以下就不能发根。浙贝母在各个不同生长阶段对水分要求不同，一般出苗前需水量较少，出苗后到植株生长停止（即 2 月初到 4 月初）需水量最多，若这个时期月平均降水量在 40 毫米以下，浙贝母生长就受到影响。

3. 光照

浙贝母在生长期间要求有充足的阳光，在生长期搭棚遮阴要比正常生长情况下的产量下降 30% ～ 50%。

（二）土壤条件

浙贝母对土壤要求比较严格。浙贝母宜生长在透水性好的砂质壤土中，这种土壤应是"抓起来成团，松之即散"。

黏性土壤不宜种浙贝母，特别不宜作种子地（鳞茎在土中越夏），因黏性土壤容易积水或透水不良，造成鳞茎腐烂。浙贝母虽要求砂质土壤，如砂性过大，含砂在 90% 以上，保肥保水能力差，也不能满足浙贝母耐高肥的要求，其生长同样受到影响。土层深度在 40 厘米，甚至 50 厘米以上，才能满足其根系发育和鳞茎膨大的要求，土层过浅，植株生长不良，会提早枯萎。

浙贝母要求微酸性或中性土壤，在 pH 5～7 的土壤生长较好，pH 3 以下停止生长。

（三）产地环境

浙贝母的种植地应按中药材产地环境条件的要求，合理布局。种植区域的环境条件应符合国家相关标准，空气质量应符合大气环境质量二级标准；土壤应符合土壤质量二级标准；所采用的灌溉水应符合农田灌溉水标准。浙贝母种植基地如图 4-3 所示。

图 4-3　浙贝母种植基地

第三节　浙贝母药理药效

一、药用功效与主治

浙贝母味苦，性寒；有清热化痰、降气止咳、散结消肿功效；主治风热或痰热咳嗽、肺痈吐脓、瘰疬瘿瘤、疮痈肿毒。

现代药理研究发现：浙贝母鳞茎含有甾醇类生物碱，包括有贝母碱、去氢贝母碱以及微量的贝母新碱、贝母酚碱、贝母定碱、贝母替碱，有的还含有贝母苷，水解后生成贝母碱和葡萄糖；有镇咳、镇静、镇痛、扩张支气管平滑肌、减慢心率等作用。

二、用法用量与注意事项

内服：煎汤，3～10 克；或入丸、散。

外用：适量，研末敷。

寒痰、湿痰及脾胃虚寒者慎服。反乌头。

三、选方

（1）治感冒咳嗽。浙贝母、知母、桑叶、杏仁各 6 克，紫苏 6 克。水煎服。（《山东中草药手册》）

（2）治瘰疬。大贝母、香白芷（不可炒）各 25 克。研末。每服 10 克，用陈酒与白糖调和，食后服之。若溃烂者非此药之治也。（《吉仁集验方》瘰疬内消神效方）

（3）治乳痈乳疖。①紫河车草、浙贝母各 15 克。为末，黄糖拌，陈酒服，醉盖取汗。②炒白芷、乳香、没药（各制净）、浙贝母、归身，等分为末。每服 15 克，酒送。（《外科全生集》）

（4）治痈毒肿痛。浙贝母、连翘各 9 克，金银花 18 克，蒲公英 24 克。水煎服。（《山东中草药手册》）

（5）治风火喉闭，锁喉风。苏子、前胡、赤芍、甘草、桔梗各 10 克，元参、连翘、浙贝母各 7.5 克。煎服。（《外科全生集》）

（6）治溃疡性口腔炎。浙贝母 4.5 克，乌贼骨 25.5 克。将上药研细。每次 6 克，日服 3 次。[《山东医刊》，1966（3）：封底·象蛸散]

（7）治雀斑、酒刺、白屑风，皮肤作痒。大贝母（去心）、白附子、菊花叶、防风、白芷、滑石各 25 克。共为细末，用大肥皂 10 荚蒸熟，去筋膜捣丸，同药作丸，早晚擦面。（《疡医大全》改容丸）

（8）治胃及十二指肠溃疡。乌贼骨（去壳）85%，浙贝母 15%。二药

各研极细末，过筛，拌匀。每服 3 ～ 6 克，日 3 次，饮前服。[《江西中医药》1955（12）：50]

第四节　浙贝母产业现状

　　浙贝母主产于浙江省磐安、东阳、海曙等地。目前全省种植面积 5.2 万亩[①]，亩产 280 千克左右（干品），总产量 2.35 万吨，种植面积和产量均占全国的 90% 左右。"樟村浙贝"获国家地理标志保护产品、国家地理标志证明商标，"磐安浙贝母"获国家地理标志证明商标。

第五节　浙贝母栽培技术

一、选地整地

　　栽培浙贝母多选择海拔稍高的山地，土质为疏松肥沃、含腐殖质丰富的砂壤土，要求排水良好，阳光充足，种子地更要注意透水性，这种土地一般都分布在近山沿溪河一带的冲积地处。商品地或准备移地越夏的浙贝母生产地，土质和透水性要求不一定像种子地那样严格，只要一般砂性的土壤即可。

　　浙贝母地最好不要连作，以利浙贝母生长和预防病害。如受条件限制必须连作，也不要超过 3 年。

　　浙贝母地的前作可为玉米、大豆、甘薯等，前作的收获季节一定要赶在浙贝母下种之前。商品地在 5 月收获后，根据当地的情况还可以种甘薯、豆类等，有的还来得及赶种早稻。浙贝母的根大多分布在 20 ～ 30 厘米耕层中，因此，一般要耕翻 20 ～ 24 厘米。各地浙贝母丰产经验证明，适当耕得深些有一定的增产效果，但必须注意逐年加深，否则扰乱耕层反而不利于生长。整地要做到有利于排水和透水，要求把土块打碎得越疏松越好。耕翻整地要结合耕翻施入基肥，每亩施用厩肥 3 000 ～ 5 000 千克。耕翻后作畦，畦宽

① 1 亩 ≈ 667 米^2，15 亩 = 1 公顷，全书同。

120厘米、高15厘米，畦面多呈龟背形，畦间距30厘米，畦沟要加深，以利排水。浙贝母整地与播种如图4-4所示。

图4-4 浙贝母整地与播种

二、繁殖

浙贝母可以用种子繁殖，但因种子出苗率不高，所以生产上都用鳞茎繁殖。浙贝母鳞茎一般有2个芯芽，每个芯芽能形成1个新鳞茎，所以1个种鳞茎能繁殖2个新鳞茎，也有少数能长3～4个新鳞茎，通常鳞茎增殖倍数为1.6～1.8。此外，浙贝母还可采用鳞片繁殖。

1. 鳞茎繁殖

这是目前生产上主要的繁殖方法，但繁殖系数低。栽种1个鳞茎，翌年种茎烂掉，只能生出相似的2个，其中1个又要作种，只有1个鳞茎能够作为商品。因此，下种量大、繁殖率低成为生产上的主要问题。鳞茎小的要比大的增重倍数大些，比如同样栽种100千克，在同样条件下，小的鳞茎可以增殖2.8倍，收280千克，大的只能增殖2.4倍，收240千克。但是以同样个数鳞茎栽种，则大的绝对重量要比小的高。例如，大小鳞茎各1 000个，大的鳞茎1 000个为30千克，增殖2.4倍，可收84千克，小的1 000个为20千克，增殖2.8倍，只收56千克。

为确保种用鳞茎的质量，浙江主产地浙贝母种植地分为种子地和商品地两种，商品地中收获的浙贝母专门加工成商品贝母供药用，种子地的贝母在枯萎后不马上起土，越夏后，到9—10月起土作种鳞茎用。起土的种鳞茎再分为种子地用和商品地用鳞茎两种。作种子地用的种鳞茎要求比较严格，要选没有损伤、没有病虫腐烂的，一般具有 2 个芽，直径为 4～5 厘米，每千克有 32～40 个，当地称为 2 号种鳞茎。其他的都作为商品地种鳞茎。

产区单独建立种用鳞茎繁殖田，简称种子田。种子田生产的鳞茎，其中质优的留作种子田的播种材料，其余的作商品田的播种材料。种子田的鳞茎按大小分 5 级（当地分为 5 号），鳞茎直径在 5 厘米以上，每千克鳞茎在 30 个以内的为 1 号；鳞茎直径为 4～5 厘米，每千克有 31～40 个鳞茎的为 2 号；直径为 3～4 厘米，每千克有 41～60 个鳞茎的为 3 号；直径为 2～3 厘米，每千克有 61～80 个鳞茎的为 4 号；每千克鳞茎在 80 个以上的为 5 号。一般 2 号鳞茎作种子田的播种材料，余者均为商品田的播种材料。如用种子繁殖，4～5 年才能达到种用鳞茎标准。

种用鳞茎分级时，必须严格掌握质量标准，除去病残和腐烂鳞茎。

2. 小鳞茎繁殖

小鳞茎指在浙贝母地下遗留下来的、没有被利用的、直径为 1～2 厘米、重 0.5～5 克的鳞茎。这些小鳞茎生活力比较强，一般通过 2 年左右的培育，就可达到生产用鳞茎标准。培育得好，重 3～4 克的小鳞茎只要 1 年就可达到 20～25 克，作生产上种鳞茎用。

小鳞茎的产生主要有两种情况：一是栽种的种鳞茎因某种原因发生腐烂，主芽不能正常发育，形成了许多小鳞茎；二是种鳞茎主芽发育正常，但在主芽某些部位上产生不定芽，再由不定芽发育成一个个小鳞茎，这种情况往往在栽种的鳞茎较大、营养充足的条件下发生较多。

小鳞茎繁殖的栽培管理和鳞茎繁殖基本相似，但要注意以下几点：一是栽种时，要按鳞茎大小进行分档，分别下种；二是栽种密度和深度，按表 4-1 所列较为适宜；三是由于小鳞茎种得较浅，过夏时要特别注意管理，以防鳞茎腐烂。

表 4-1 各档小鳞茎栽种密度和深度

鳞茎分档	行距 / 厘米	株距 / 厘米	深度 / 厘米
4 克左右	16.5	9.9	4.95~6.6
2.5 克左右	13.2	6.6	4.95 左右
1 克左右	9.9	4.95	4.95 左右

3. 种子繁殖

5月中旬前后采收种子，采收后宜当年秋播，如延迟到11月中旬以后播种，则出苗率显著下降；12月下旬播种的出苗迟，不整齐，出苗率仅7.75%，部分种子延续到播种后第3年才出苗。如隔年春播，则当年不出苗，发芽推迟1年，发芽率仅26%左右。

种子成熟后种胚尚未发育完全，具有休眠后熟的特性，需在5～11℃下经2个月左右，种胚才能长成，高于20℃或低于0℃种胚都不能发育，用这样的种子播种当年就不能出苗。在自然条件下，当年采收的种子，在秋季下种，土壤湿润，种子在地里经自然地温，胚发育好后，第二年春季才出苗。

种子繁殖的一年生苗是1片线形针叶，鳞茎似绿豆大；二年生苗为1片披针形叶，鳞茎似花生米粒大小；三年生植株开始抽茎；四年生植株开始开花；第五年鳞茎可进行无性繁殖。

由于用种子繁殖的生长期长且存在一些越夏保存问题，目前生产上一般不采用，只是在种鳞茎来源困难的地区采用一些。但种子繁殖有一个很大的特点，就是繁殖系数特别高，1株浙贝母能结籽几百粒，种子出苗率为70%～80%，可繁殖很多后代。

4. 鳞片繁殖

用无芽鳞片繁殖，用种量大而成本高，鳞茎长成商品的周期又长，故生产价值不大。用有芽鳞片繁殖，在增施肥料和加强管理的情况下，产量可达到下种量的1.8倍左右，但由于生产周期长，实践中亦极少采用。具体播种方法可参照鳞茎繁殖。

三、大田栽种

1. 种子分级

下种要对浙贝母的种鳞茎进行分档选择，以免出苗后植株高低不一，影响生产和田间管理，目前老产区一般将种子分成5档（表4-2）。

表 4-2 浙贝母种子分档

分档	俗称	每千克个数 / 个	鳞茎直径 / 厘米	用途
1	土贝	30 以下	5 以上	商品地种用
2	2 号头	32~40	4~5	种子地种用
3	3 号头	40~60	3~4	商品地用或代替种子地用
4	小 3 号	60~80	2~3	商品地种用
5	脚货	碎或较小	—	商品地种用

　　除 2 号鳞茎作种子外，其余各档都作商品地的种子。但当 2 号鳞茎不足时，可用 3 号鳞茎代替。3 号鳞茎通过增施肥料等措施也可能赶上 2 号鳞茎的生长情况。

　　越夏的浙贝母地，种子分档是分 2 次进行的，第一次起土时，一边起土一边选出 2 号鳞茎，这样能保证种子地能及时栽种，其他的暂时堆放在室内，再根据标准在室内进行第二次分档。暂时堆放时注意不要堆得太高，堆的地方要通风。搬动时手脚要轻，不要损伤鳞茎表皮，否则会造成种子发热、感病腐烂。

2. 栽种时间

　　栽种浙贝母多在旬平均温度低于 25℃时开始，也就是在贝母鳞茎要生根时栽种。产区多于在 9 月中旬至 10 月上旬栽种，先栽种子田，后栽商品田。这样可以优先保证种子地的需要，同时种子地畦面冬季还要套种作物，使套种作物赶上季节。商品地因种得浅，一般畦面是不套种作物的。浙江一般在 9 月中旬到 10 月下旬栽种较好，前后约持续 1.5 个月的时间。栽种过晚，如 11 月后栽种，则多数根系生长差，植株矮小，叶片少，发育不良，减产达 10% 左右。

　　新引种地区由于地理位置不同，气候条件有差异，应该通过试验确定当地的栽种期，一般规律：从南向北的栽种期适当提早，由北向南栽种期适当推迟。或者从以下的简单观察来判断栽种期：在一定温度下个别鳞茎的根已开始伸出鳞片外表，这时即可栽种，或当地气温降到 22 ～ 27℃时栽种。

3. 栽种密度

　　合理密植是提高浙贝母产量、保证质量的重要环节。首先，浙贝母种植密度因鳞茎体积而异，种鳞茎大，植株长得高，叶片也较茂盛，所占空间大，就要适当稀些；反之，种鳞茎小，就应该种得密些。其次，考虑土壤肥力情况和病害历史情况，土壤肥力好或该地区病害严重的适当稀些；土壤不肥，病害轻的，就可适当密些。

种子地的密度：以行距20～24厘米、株距16厘米、每亩15 000～16 000株为宜，每亩栽种量为400～500千克，鳞茎大的也有超过500千克的。

1号鳞茎，株距为20厘米，行距为23厘米，每亩保苗数为13 000～14 000株，亩用种量为450～500千克。

2号鳞茎，株距为15～17厘米，行距为20厘米，每亩保苗数为17 000～19 000株，亩用种量为350～450千克。

3号鳞茎，株距为14～17厘米，行距为18厘米，每亩保苗数为20 000株，亩用种量为250～300千克。

4. 栽种深度

栽种时种子地要深，商品地要浅。种子地种得深些，可使鳞茎组织致密，鳞茎相互抱得紧，可以减少起土和种植过程中鳞茎碎开和芽头的损失，更重要的是，鳞茎深埋土中，可减轻过夏期间不利环境的影响。而商品地种得浅些，有利于鳞茎的膨大，可提高产量，加工时取浙贝母也方便。栽种时，在畦床上按规定开沟，按要求株距在沟内摆放鳞茎（芽向上），然后覆土（图4-4）。一般商品田1～2号鳞茎覆土厚度为6～7厘米，3号以下鳞茎覆土5厘米左右；种子田2号鳞茎栽种深度约10厘米，3号和4号鳞茎的栽种深度为5～7厘米（表4-3）。

表4-3 浙贝母栽种要求

级别	株距/厘米	行距/厘米	用种量/（千克/亩）	栽种深度/厘米
1号鳞茎	18.0~20.0	21.0~22.0	450~550	商品田6.0~7.5
2号鳞茎	13.5~16.0	20.0	400~450	种子田10.0~12.5
大3号鳞茎	13.5	18.0	350~400	种子田10.0~12.5
小3号鳞茎	12.5	16.5	250~350	商品田5.0~6.0
脚货	条播	13.5~16 .0	250~350	商品田5.0~6.0

四、种植模式

浙贝母从下种到出苗要经过 3 ～ 4 个月的时间，而且种子地的种子在地下较深，为了充分利用土地，可以在留种地上套种一季浅根蔬菜（如萝卜）。但浙贝母商品地一般不与其他作物进行间套种，可以利用其生长期较短的特点，与其他作物组成高产高效的种植模式。目前，在产区推广的种植模式主要有"浙贝母—早稻—连作稻""浙贝母—单季稻""浙贝母—春玉米—秋大豆"等。

五、田间管理

1. 除草

重点要放在浙贝母出苗前和植株生长的前期。中耕除草大多与施肥相结合进行。在施肥前先中耕除草，使土壤疏松，容易吸收肥料，增加保水、保肥能力。套种蔬菜收获后，要将菜根除净。一般栽种后至施冬肥前要除草 3 次，植株旁的草最好拔除，以免弄伤植株根部。植株长大后仍需人工拔草，拔草时勿伤浙贝母茎叶，否则会影响鳞茎生长。

2. 灌排水

浙贝母需水不多，但又不能缺水，所以生育期间要勤浇水，防止出现干旱。浇水时严防田间积水。种子田在进入雨季前，要疏通好畦沟，防止雨季田间积水。

图 4-5　浙贝母人工摘蕾

3. 摘蕾

为培育大鳞茎，减少浙贝母开花结实时消耗营养，产区多在 3 月中下旬摘蕾，即植株有 1 ～ 2 朵花蕾现出时进行。摘蕾是将花连同 7 ～ 10 厘米长的顶梢部分一起除去，所以又称打顶（图 4-5）。摘蕾宜在晴天进行，以免雨水渗入伤口引起腐烂。摘蕾过早会影响抽梢，同时也会将花的下部叶片摘掉，减少了光合作用面积；过迟，花蕾消耗养分多，影响浙贝母鳞茎的发育。具体影响见表 4-4。

表 4-4　不同生期摘蕾对浙贝母产量的影响

处理	鲜茎产量 /（千克 / 亩）	折干率 / %
不摘蕾	643.36	31.34
孕蕾初期	800.04	37.83
孕蕾期	780.03	36.45
开花初期	716.70	33.16
开花末期	680.03	32.54

4. 套种遮阴植物

　　（越夏）浙贝母的植株在 5 月上旬后枯萎，到 9 月下旬前后再发根生长，这个时期称休眠期，也称越夏（图 4-6）。在这期间，很容易造成鳞茎损失，在正常年份，轻则损失 10%，重则损失 20% ～ 30% 不等，平均每年损失一成左右。这段时间以梅雨季节损失较重。

图 4-6　浙贝母田间越夏

　　越夏损失的原因很多，但总的来讲有两个方面的原因。一是种用鳞茎本身质量问题。质量好的，越夏损失少；质量差的，有瘢痕及有腐烂的，损失就多。因此，对种用鳞茎必须认真挑选，要选择成熟、健壮、无病虫疤或伤口的鳞茎。在起土和搬运中，一定要细拿轻放，防止表皮碰伤而导致病害侵染。二是外界因素的影响。由于浙贝母在越夏期仍处于生命活动状态，不适宜的湿度、温度、土壤环境等会造成种鳞茎腐烂损失。其中湿度过大以致积水是造成损失的较重要原因。梅雨期之所以损失较多，就是因为湿度问题。当然，过分干燥，鳞茎失水过多，也会造成干腐。温度过高会促使病虫害发生，50℃以上的高温会直接使鳞茎死亡。土壤黏性太大，当越夏鳞茎自然收缩时，土壤与鳞茎间会有一层空隙，空隙充水，水在黏土中一时渗透不出去，会直接伤害鳞茎。

　　越夏期要求注意以下几点。一是栽种时种子要选好的，去除有病斑和腐烂的种鳞茎。二是种子地的土壤一定要选择砂质、透水性好的土壤，黏土地不能作为种子地。整地时一定要作高畦，畦面略呈龟背形，有利于排水。三是越夏期要设法降低地温，不能让种子地表土层受太阳直晒。长江下游地区夏天太阳直晒的表土温度可达 65℃，足以使鳞茎直接死亡而腐烂。可在种子地套种瓜类、豆类、玉米、蔬菜、甘薯等作物，套种作物要注意其收获期。有些产区把清理床沟的土覆在床面上，这样增加床面覆土厚度，降低地温，保证了鳞茎的安全越夏。四是开通排水沟，直沟与横沟要沟沟相通。夏季雷雨后要及时检查，防止积水。五是栽种时种子要适当种得深些，以有利于鳞茎越夏。六是防止人、兽踩踏，踩踏过后土壤坚实，容易局部积水，使鳞茎腐烂。

浙贝母鳞茎越夏除采用以上措施外，有些土壤条件差的地方，也可采用"移地越夏"法。即在浙贝母地上部全部枯萎以后过半个月左右，地下鳞茎表面变黄老熟时，将鳞茎全部起土，移到室内或室外适当地方贮藏。贮藏时不要堆得太高，堆的厚度一般为 20～30 厘米，用洁净的泥土堆藏。室外贮藏要选高燥、透水性好的地方。堆放的地方要开沟排水，覆土宜厚些，并要及时检查。一般来说，如果土质条件较好，还是以在田中越夏较好且方便。

六、施肥

重施巧施是提高浙贝母产量的重要施肥原则。

1. 氮、磷、钾对浙贝母的影响

浙贝母对氮肥需要量最大，浙贝母氮肥缺乏表现为：叶子小而窄，向上竖起，植株矮，茎内纤维多呈"硬性"，提早枯死；鳞茎变小。缺氮或高氮（每平方米施尿素 56.22 克以上）均不利于浙贝母的生长发育，高氮还会抑制浙贝母二秆的发育。施氮期、施氮量对浙贝母产量影响较大，以基肥、苗肥各施尿素 5～10 千克/亩，现蕾期施 5 千克/亩，同时配施硫酸钾 10 千克/亩能产生较好的增产效果。

盆栽试验证明，氮肥对产量影响很大，其次是钾肥，田间试验中增施钾肥可提高产量。

浙贝母苗期应增施氮、钾肥，以促进地上部分生长；中后期适当补施速效磷、钾肥，以促进鳞茎膨大。浙贝母氮、磷、钾配施量，苗期以1：0.18：0.83为佳，现蕾、开花期以1：0.17：1.13为好，花期以后则以1：0.20：1.25为好。

2.浙贝母施肥期

除了整地时重施基肥外，还应抓好追肥，这样才能满足植株生长发育的需要。根据浙贝母生长发育习性，浙江产区一般追肥3次。第一次在12月下旬，这时尚未出苗，称为冬肥，也叫苗前肥；第二次在立春后，苗已基本出齐时，称为苗肥；第三次在3月下旬，摘花以后，称为花肥。

施冬肥是浙贝母几次施肥中最重要、用量最大的一次。浙贝母地上部分的生长期只有3个月左右，需肥期较集中。单在出苗后追肥是不能满足其需要的，施冬肥能在整个生长期中不断供给养分。因此，冬肥应以迟效性肥料为主，一般用圈肥、垃圾、饼肥等，并适当配合施一些速效性肥料。施肥时先在畦上顺开或横开浅沟，深约3厘米，不可过深（以免损伤芽头），沟距18～21厘米。

浙贝母从出苗到茎叶停止生长仅1个多月时间，及时追施苗肥可以促进叶面增大，双茎均衡生长。苗刚出齐就马上施肥，并以速效氮肥为主。一般每亩施入硫酸铵10～15千克，可以一次性施入，也可以分两次施。每次施肥都要均匀，不能成堆有结块，以免影响生长。

施花肥的作用是进一步促进茎叶生长，延迟枯萎期，并为后期的鳞茎膨大提供足够的养分。花肥要施速效肥，肥料种类和数量与苗肥基本相同。施花肥要看植株生长情况，不可乱施，种植较密、生长茂盛的种子地，就不宜多施或不施花肥，因氮肥过多会引起灰霉病的发生，造成植物迅速枯死而减产。老产区的经验是"清明后不再追肥"。

七、采收与产地初加工

（一）采收

商品地于5月中下旬地上部分茎叶枯萎后选晴天采挖。

用短柄二齿耙从畦边开挖。二齿耙落在两行之间，边挖边拣，防止挖破地下鳞茎。

（二）产地初加工

浙贝母初加工标准模式如图4-7所示。

采收

清洗

分级

切片

干燥

包装

图4-7 浙贝母初加工标准化模式

将挖起的浙贝母放在竹箩里，置清水中洗净，除去杂质，沥干水。也可用清洗机清洗。

将鳞茎按大小分级，较大的挖去芯芽加工成大贝，挖下的芯芽加工成贝芯；较小的不去芯芽，加工成珠贝。

1. 壳灰干燥法

将新鲜浙贝母放入加工浙贝母的电动去皮筒内，开动机器1～2分钟。待鳞茎有50%～60%脱皮时，放入用贝壳煅烧而成的壳灰中，每100千克鳞茎用壳灰3～5千克（图4-8）。继续脱皮2～3分钟。待浙贝母鳞茎全部拌上壳灰后，倒入箩筐

图4-8 壳灰干燥法

晾一夜。将拌上壳灰的浙贝母置太阳下晒3～4天，然后用麻袋装起来，放置1～3天，让内部水分渗到表面后再晒干即可。

2. 切片干燥法

取鳞茎，大小分开，趁鲜切成厚片，厚3～5毫米。晒干或烘干成浙贝母片，切片如不能及时干燥，应在通风处薄摊。

将浙贝母片均匀摊在烘筛（垫）上，厚2～4厘米，放入烘干机内，加热并打开风机开始除湿。随着时间推移，温度逐渐升高，温度稳定在50～60℃（根据不同的机型，注意做好预热阶段、等速干燥阶段、降速干燥阶段的温度，以及进排气口及循环风口大小和时间的调节或设定），烘至用手轻压易碎即可。

天气晴好时，可将鲜贝母片均匀摊在垫上，在太阳下晒干。

浙贝母个子及浙贝片如图4-9所示。

图4-9 浙贝母个子及浙贝片

第五章　元胡

第一节　元胡历史传承

一、元胡种植地的历史演变

　　元胡又名玄胡、延胡索，是罂粟科紫堇属多年生宿根草本植物，原产地是"奚国"，从"安东"来，诸多本草文献有记载。唐代陈藏器《本草拾遗》记载："玄胡索生于奚，从安东道来，根如半夏，色黄。"五代时期《海药本草（辑校本）》记载："延胡索，生奚国，从安东道来。"奚国位于今河北承德及内蒙古、辽宁毗邻地区，安东位于今辽宁、河北东北部及内蒙古东南部。这些文献记载了元胡的产地为今辽宁、内蒙古、河北三省交界处。宋《开宝本草（辑复本）》《经史证类大观本草》均记载："延胡索生奚国。"

可见宋朝元胡产地比较稳定，在"奚国"与"安东"地区广泛存在。明《御制本草品汇精要》记载："延胡索，生奚国，从安东道来。道地：镇江为佳。"提到了元胡最佳产地为江苏镇江。《本草原始》记载："玄胡索，始生胡地。……以茅山者为胜。"提示元胡药材最初的基原为"胡地"，以江苏茅山产元胡为佳。由此可见明代元胡发生产地变更，由东北南部移至江苏茅山一带，以茅山元胡质量为佳。清《本草述校注》记载："延胡索……根从生，乐蔓延，状似半夏，但黄色耳。今二茅山上龙洞，仁和笕桥亦种之。"其中"仁和"和"笕桥"是浙江杭州的旧称。清《本草害利》中提到："今多出浙江笕桥。"表明清代元胡的种植已从江苏茅山地区扩展到浙江杭州一带。

二、浙江元胡利用历史悠久

清康熙《新修东阳县志》记载元胡（延胡索）"生田中，虽平原亦种"，"生植最多，通行各处"（图5-1）。可见，东阳已开始在农田中种植元胡。此时元胡由"奚国"野生品种已经变迁到江浙的栽培品，种植元胡开始于茅山，逐渐向南迁移至浙江北部的杭州笕桥，再向南至浙江中部的东阳、磐安等地，这些地区成为元胡现代道地产地和主产区。清道光《东阳县志》记载元胡等药材117种。民国二十一年《东阳县志初稿》（1932）记载元胡（延胡索）"玉山（今磐安县玉山镇一带）、瑞山（今马宅镇一带）、兴贤（今南马镇一带）、乘骢（今横店、湖溪镇一带）皆种之"，"每年在二千箩以上，运销鄞、杭、绍"。

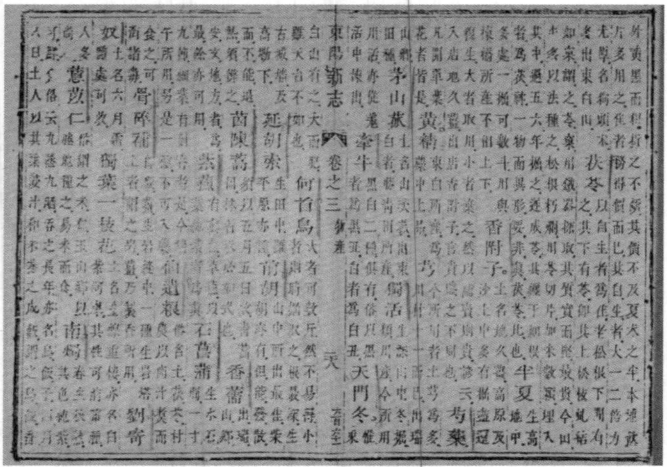

图5-1　清康熙《新修东阳县志》东阳元胡记载

现今茅山上龙洞、仁和、笕桥早已不种植元胡，而唯浙江东阳、磐安最近300年间一直大规模种植栽培，供销全国乃至出口海外，这恰恰就是现在我国药典所载的正宗道地药材元胡。浙江东阳、磐安为元胡的道地产地，各地临床使用的商品元胡多从浙江调入，东北地区也如此，为南药北调，浙江产元胡药材质量最佳，举世公认，为道地药材，常常供不应求，闻名中外。

三、道地药材东阳元胡品质优越

中国元胡出浙江，浙江元胡产东阳。据清《东阳县志》记载，东阳在唐朝末年就已种植元胡（2004年《浙江省农业志》）。1948年《中国实业志》记载："元胡产地以东阳为中心，其区域包括磐安、永康、缙云几个县的交界处，直径50公里。"2002年《新世纪浙江特色农业丛书》将《东阳元胡》收录进《区域性特种产业》。东阳元胡以"粒大色黄、质硬而脆"的独特品质闻名于世，含延胡索乙素、甲素等15种成分，质量居全国之最，产量曾占全国总产量七成以上。在浙江省中医药管理局等部门公布的首批浙江省道地药材目录中，东阳市被列入浙江元胡的核心区域，并且排名第一位。

东阳元胡种植历史悠久，在良种化、标准化、科技化种植等方面也发挥了较好的示范作用，独特的元胡—水稻轮作模式既能保障粮食安全，又能促进农民增收，是浙江省重点推广的"千斤粮万元钱"粮经双丰收种植模式，带动农户1万多户，从业人员2万多人，已成为东阳市农业的支柱产业之一（图5-2、图5-3）。随着国家对中药材产业的重视、大健康产业的发展，以及中医药振兴发展重大工程和乡村振兴战略的实施，东阳元胡产业必将迎来更为广阔的发展前景。

图5-2　东阳元胡种植基地

图5-3　东阳元胡丰收场景

四、水旱轮作、粮药双收的农耕文化

　　长久以来，东阳元胡—水稻轮作，形成了元胡播种—收获—水稻育秧—定植—收割相循环的药稻轮作模式，不仅提高了农田生态系统的物种多样性和遗传多样性，也有利于降低病虫草害的发生，减少农药等投入品的使用，为推动当地农业可持续发展发挥了重要作用。长期的水旱轮作生产实践孕育了主产区丰富的农耕文化与中药文化，以及崇文重教、精工善艺、大气包容、创新图强的人文精神。代表性的中药文化有元胡药方、元胡药膳等元胡文化，以及名中医、医书、药号等其他中药文化；代表性的农耕文化有开犁、开秧门关秧门、驱瘟神等农事生产礼仪，迎灯、祭祀等农事祭祀礼仪，以及元胡鸡蛋、灰汁粽、索面、都督宴等传统饮食。

五、传说故事

　　元胡主产区的民间故事、传说，题材丰富，形象生动，富有情趣，其中最为民众熟知的传说故事，是关于元胡起源和元胡鸡蛋的传说。

1. 元胡起源传说

　　相传，唐朝年间，在浙江东阳有座青山叫作西门岩。有一天，一位老人上山采药时不慎失足跌落山下，昏迷不醒。儿孙们闻讯赶到，只见他鼻青脸肿，身上青一块紫一块的。当老人苏醒过来，自觉全身疼痛，动弹不得。他让后辈挖出身旁野草的球茎，嚼食，并煎水服。过了几天，疼痛即止，红肿亦消，行走也自如了。儿孙们见此药的功效如此神奇，便问老人这叫什么药。答曰："延胡索。"从此，延胡索就在这东阳应用开来，并逐渐传至其他地方。

2. 元胡鸡蛋传说

相传，宋代名将宗泽带兵打仗，常见将士们在条件艰苦的战场上受伤而得不到良好的治疗，更有不少士兵因此牺牲在战场上。后来，宗泽想到自己家乡民间有用元胡鸡蛋治伤的方法，于是派人从家乡采购了大量元胡回军营，然后煮成元胡鸡蛋，给受伤士兵服用。一段时日后，受伤士兵们的伤口奇迹般地愈合了，能再次驰骋沙场，杀敌立功。就这样，食用元胡鸡蛋的传统也就流传至今，并成为主产区村民一道特色中药小吃(图5-4)。

图 5-4　元胡鸡蛋

六、民间文艺

民歌是一种大众喜闻乐见的传播载体，艺术上有着鲜明的民族风格和浓郁的地方色彩。绝大部分民歌是劳动人民在劳动当中创作的，歌唱自己的劳动生活，抒发自己的内心感情。如一首《吉祥的元胡》，道尽了人民对元胡的喜爱。

吉祥的元胡

姓何村上有许多祝福的歌

让绿色的雨露

滋润着姓何的生活

啊，远方的客人，远方的客人

我们把所有的祝福堆成财富献给你

啊，我们把祝福堆成财富

让姓何的美丽

留在你的心里

姓何村上有许多祝福的歌

像洁白的云朵

编织着元胡的传说
啊，远方的客人，远方的客人
我们把所有的祝福堆成健康献给你
让元胡的香气
留在我们心里

七、元胡采收工具

　　采收元胡的工具主要有四齿耙、坐具、筛子、箩筐等（图5-5）。四齿耙用于挖取元胡，由铁耙、木柄、木塞3部分组成。铁耙由生铁打造而成，耙齿长度约12厘米；木柄直径约2.5厘米，长度约36厘米；木塞用于固定铁耙与木柄。坐具由一个坐架和一个坐垫组成，坐垫内填充稻草等，以节省挖取元胡时的体力。筛子用于筛去泥土和杂质。箩筐用于运输采收的元胡。

四齿耙　　　　　　　　　　　　坐具

筛子　　　　　　　　　　　　箩筐

图5-5　元胡采收工具

58

第二节　元胡生物学特性与产地自然环境

一、元胡生物学特性

元胡块茎呈不规则扁球形，表面黄褐色，具不规则网状皱纹，顶端有略凹陷的茎痕，底部常有疙瘩状突起，质硬而脆，断面黄色、角质样、有蜡样光泽，气微，味苦，是著名的"浙八味"之一。元胡植株与块茎如图5-6所示。

图5-6　元胡植株与块茎

二、主产区生态环境

浙江元胡主产区地处金衢盆地东北部，会稽山脉南麓，属亚热带季风气候区，气候温和，雨量充沛，空气湿润，四季分明，光照充足。自然条件得天独厚，既具有冲积平原特点，又有山地小气候的南江盆地自然生态环境特征。土壤以砂质壤土为主，微酸性，有机质含量中等以上，磷含量丰富。肥沃的土壤与江南梅雨气候等为元胡种植、水稻轮作的发展与结合提供了优越环境，孕育了山水林田湖草和谐共生的良好生态，为众多中药材的生长提供了良好的生态资源优势，是"浙八味"元胡、浙贝母、芍药、白术的主要种植区域。清道光《东阳县志》载，东阳中药材有117种（图5-7）。1987年，东阳县中药材资源普查，全县中草药773种，其中植物类744种、动物类27种、矿物类2种。家种药材34种，还有710种野生药材采集入药。中药材蕴藏量为：植物类729吨、动物类1 500吨、矿物类125吨。家种药材中，元胡、浙贝母、白术、芍药、元参、丹皮、黄芪、三七、百合、米仁、紫苏、桔梗等在全国有一定知名度。其中元胡、浙贝母、白术、芍药四大药材，种植历史悠久。

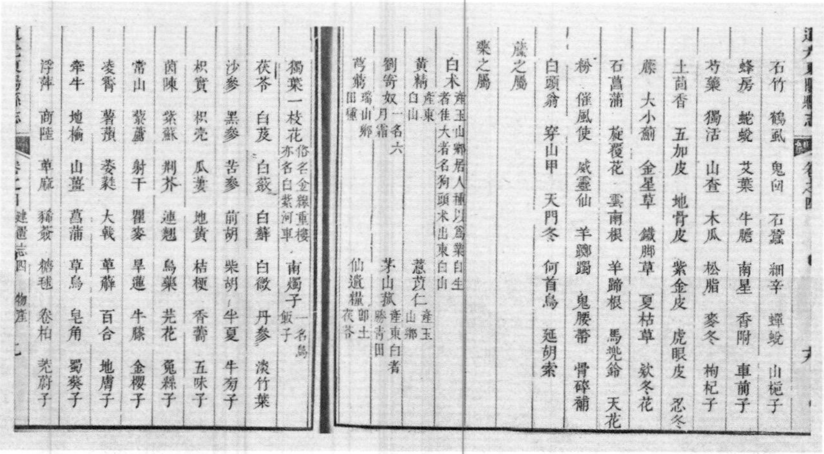
石竹 鶴虱 鬼臼 石蠶 細辛 蟬蛻 山梔子
蜂房 蛇蛻 艾葉 牛膝 南星 香附 車前子
芍藥 獨活 山查 木瓜 松脂 麥冬 枸杞子
土茴香 五加皮 地骨皮 紫金皮 虎眼皮 忍冬
藤 大小薊 金星草 鐵脚草 夏枯草 欵冬花
石菖蒲 旋覆花 雲南根 羊蹄根 馬兜鈴 天花
粉 僊風使 威靈仙 羊躑躅 鬼腰帶 骨碎補
白頭翁 穿山甲 天門冬 何首烏 延胡索
蓏之屬
橥之屬
白朮產玉山鄉居人種以爲業白生者佳大者名狗頭朮出東白山
黃精產東白山 薏苡仁產玉山鄉
劉寄奴一名六月霜 茅山朮產東白者勝青田
芎藭瑞山鄉田塍 仙遺糧即土茯苓
獨葉一枝花俗名金線重樓亦名白紫河車 南燭子一名烏飯子
茯苓 白芨 白蘞 白蘚 白微 丹參 淡竹葉
沙參 黑參 苦參 前胡 柴胡 半夏 牛蒡子
枳實 枳殼 瓜蔞 地黃 桔梗 香薷 五味子
茵陳 紫蘇 荆芥 連翹 烏藥 芫花 菟絲子
常山 紫葳 射干 瞿麥 旱蓮 牛膝 金櫻子
凌霄 薯蕷 萎蕤 大戟 萆薢 百合 地膚子
牽牛 地榆 山薑 菖蒲 草烏 皂角 蜀葵子
浮萍 商陸 草麻 豨薟 糖毬 卷柏 茺蔚子

图 5-7 清道光《东阳县志》中关于东阳中药材的记载

第三节 元胡药理药效

一、药用价值

元胡为大宗常用中药，以块茎入药，有活血散淤、利气止痛的功能，主治心腹腰膝疼痛、跌打损伤、瘀血作痛、月经不调等症，是一味传统的止痛药。李时珍《本草纲目》注文曰：“每年寒露后栽，立春后生苗，叶如竹叶样，三月长三寸高，根生如芋卵样，立夏掘起。”，并归纳元胡有“活血，利气，止痛，通小便”四大功效，并推崇元胡“能行血中气滞，气中血滞，故专治一身上下诸痛”。《永乐大典》也有关于元胡药用的部分记载（图 5-8）。元胡煮鸡蛋就是利用元胡汤汁的有效成分，活血化瘀，行气止痛，达到保健目的。元胡煮鸡蛋是一种既有营养，又能利用元胡的药用价值的特色保健点心美食，能治腰肌劳损，解除旧伤疼痛，对颈椎病、腰椎病、肩周炎也有一定疗效。

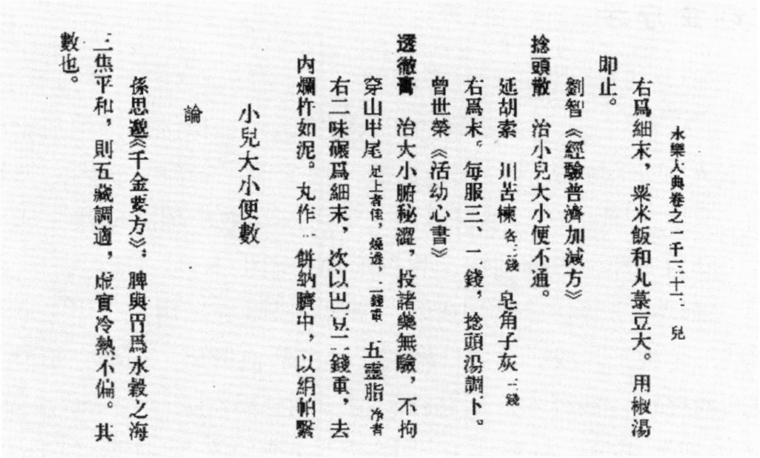

图 5-8 　《永乐大典》关于元胡药用的部分记载

二、传统药方

（1）小便尿血。元胡一两，朴消七钱半。为末，每服四钱，水煎服。（《类证活人书》）

（2）跌打损伤。元胡炒黄研细，每服一至二钱，开水送服，亦可加黄酒适量同服。（《单方验方调查资料选编》）

（3）疝气危急。元胡（盐炒）、全竭（去毒，生用）等分。为末，每服半钱，空心盐酒下。（《仁斋直指方》）

（4）产后恶露下不尽，腹内痛。元胡末，以温酒调下一钱。（《圣惠方》）

（5）偏正头痛不可忍者。元胡七枚，青黛二钱，牙皂二个（去皮子）。为末，水和丸如杏仁大。每以水化一丸，灌入病人鼻内，当有涎出。（《永类钤方》）。

（6）室女血气相搏，腹中刺痛，痛引心端，经行涩少，或经事不调，以致疼痛。元胡（醋煮去皮）；当归（去芦，酒浸锉略炒）各一两，橘红二两，上为细末，酒煮米糊为丸，如梧桐子大。每服七十丸，加至一百丸，空心艾汤下，米饮亦得。（《济生方》三神丸）

（7）小儿盘肠气痛。元胡、茴香等分。炒研，空心米饮，量儿大小与服。（《卫生易简方》）

三、元胡食疗方

（1）**佛手元胡猪肚汤。**材料：猪肚1个（约500克）、鲜佛手15克、元胡10克、生姜4片。做法：将猪肚切去肥油，用盐擦洗，并用清水反复漂洗干净，再放入开水脱去腥味，刮去血膜，把全部用料放入锅内，加水适量，武火煮沸后，文火煮1～2小时，调味即可。功效：疏肝理气、活血止痛，治溃疡病、肝胃不和、气滞血瘀、胃脘疼痛、消化不良。

（2）**元胡茶。**材料：元胡10克、茉莉花茶3克。用法：用300毫升开水冲泡后饮用，冲饮至味淡。功效：理气止痛，活血散瘀，镇痛，镇静。主治：心腹腰膝四肢疼痛，痛经，产后恶露不尽，跌打损伤。

（3）**当归元胡酒。**材料：当归15克、元胡15克、制没药15克、红花15克、白酒1 000毫升。制法：将上述4味药材一并捣成粗末，装入纱布袋内；放入干净的器皿中，倒入白酒浸泡，封口；7日后开启，去掉药袋，过滤去渣备用。功效：活血行瘀。主治：妇女因气滞血瘀引起的痛经，以及血滞经闭、产后瘀阻腹痛、癥瘕积聚、跌打损伤瘀痛等症。

第四节　元胡产业现状与展望

一、产业现状

浙江元胡主产区气温适中，热量丰富，降水量充沛，非常适合元胡、浙贝母、水稻等的生长，《近代中国实业志》记载："东阳元胡产量居全国首位，产地以东阳为中心，其区域包括磐安、永康、缙云及各县的交界处，直径50公里，年产量1 000担①左右，属于东阳政区内有五六百担。"现代《新编中药志》记载延胡索（元胡）"主产于浙江东阳、磐安、永康一带，现今浙江、湖北、湖南、江苏有大面积栽培，全国其他地区亦有引种栽培，其中浙江东阳、磐安种植面积大、产量多，销全国各地，并有出口"。新中国成立后，东阳元

---

① 1担 = 50千克。全书同。

胡生产规模得到大发展。1949 年为 1 400 余亩，20 世纪 50 年代为 3 350 亩，60 年代保持在 2 400 亩以上，70 年代扩大到 5 000 亩以上（以上均含磐安县），80 年代扩大到 10 000 亩以上，其中 1986 年元胡种植面积 29 482 亩，为历史最高。1995 年东阳市农业志记载，东阳元胡产量居全国首位，近年产量稳定在近 2 000 吨。

20 世纪 70 年代，东阳元胡开始出口。1985 年，开始取消元胡统销统购，1986 年，东阳千祥中药材市场成立，这是当时中国十大药材市场之一，自此东阳元胡销售走上市场化轨道。2003 年，东阳元胡成为浙江省首个得到浙江省农业厅支持的中药材产业特色优势基地项目。2007 年，东阳市被认定为浙江省农业特色优势产业中药材强县（市），千祥镇被认定为浙江省中药材强镇。2010 年，东阳元胡规范化生产基地被浙江省中药材产业协会评为首批 20 个浙江省优质道地药材示范基地之一。2013 年，东阳市马宅中药材精品园（元胡）成为浙江省级特色农业精品园。2020 年，农业农村部发布了《2020 年第二批农产品地理标志登记产品公告信息》，东阳元胡榜上有名，获得农产品地理标志登记保护，成为东阳市首个农产品地理标志。2023 年，东阳元胡—水稻轮作系统入选中国农业历史文化遗产。

二、发展前景

1. 底蕴深厚的元胡文化，是产业和文化振兴的重要抓手

乡村不但代表了中国社会的活态，而且蕴藏着文明变迁的时代密码，是中国传统文化不可或缺的组成部分。在当下这样一个社会转型期内，乡村文化的传承与发展，对乡村社会乃至中国社会的全面发展都具有深远意义。东阳、磐安等地是我国元胡—水稻轮作技术的发源地和元胡文化代表性区域，农耕文化历史底蕴深厚，值得深入挖掘和保护。实施元胡—水稻轮作系统的保护与利用，对实现乡村经济发展、乡土文化传承、乡村社会和谐、乡村生态健康有着特别的意义，而且探索出的经济发展、生态保育与文化传承的农业文化遗产保护之路，可以为世界农业与农村可持续发展提供参考。

2. 元胡种植历史悠久，元胡产业深入人心

浙江是全国重点元胡产区，道地性历史悠久，以其块茎大、质量佳、疗效好，

畅销全国各地，外销东南亚各国。东阳元胡因品质优、效益好，人们生产积极性高，一直是主产区的主导产业。据调查，元胡亩产 400～600 千克（鲜品），产值达 8 000～12 000 元/亩，经济效益十分可观，与同茬口小麦、油菜收益相比高出 10 倍左右，人们从元胡生产经营中普得实惠，增收富民效果显著。

3. 医药康养服务需求巨大，中药材产业发展前景广阔

近年来，受新冠疫情的冲击，并伴随我国人口老龄化的加剧，医药康养产业未来需求空间巨大，中药材行业发展前景广阔。相较于作为基础食用农产品的粮食、蔬菜、水果等其他农业产业，中药材产业具备更加深远的发展潜能和前景。下一步，将牢牢抓住医药康养行业不断发展的趋势机遇，在巩固中药材产业基础，发扬传统药材道地优势的同时，加快延伸衍生开发利用，加强联农带农，充分发掘传统药材增值潜能，推动以元胡为主的中药材产业发展，夯实生产基础，加快科技运用、加强品质建设、完善经营体系、健全要素配套，实现道地优势巩固、区域合理布局、规模集聚发展、产业融合延伸，积极发扬推广"东阳元胡"国家农产品地标品牌，打造带有东阳烙印的特色优质道地中药材产品，以中药材带动乡村振兴、城乡共富。

4. 独特的水旱轮作和间作套种技术，为现代农业发展提供重要借鉴

独特的元胡—水稻轮作技术使主产区这个自然条件并不优越的地区，通过种植元胡和水稻、施用农家肥、轮种、套种等生态农业技术，基本上实现了对农田的永续利用。主产区传统循环农业和生态农业的种植方式，不仅可以减少环境污染，确保农业产品的优质安全，而且可以促进绿色农业、绿色产品、绿色乡村发展目标的实现。

第五节　元胡特色栽培技术

一、传统栽培技术

（一）播前准备

潮湿，富含腐殖质，土层深厚、肥沃，并且有良好的排灌能力的土壤种植元胡最高产，元胡不可种植在黏土或者是砂质重的土壤上。

元胡根部比较浅，不超过 20 厘米，所以在栽种时需要深翻 22 厘米以提高土壤的松软度。起沟，整平作畦，畦宽 90～110 厘米，沟宽 25～30 厘米，沟深 20～25 厘米。稻板田用锄头等工具削平稻桩，填平低洼处，依地势拉绳，用削刀划好畦和沟。畦面宽 1 米，平整而略呈龟背形，畦沟宽 20 厘米、深 25 厘米。四周沟宽和深都为 30 厘米。大的田块要开腰沟，使沟沟通畅，以免畦面渍水。

元胡多与水稻轮种，为了创时种植，水稻在 9 月底至 10 月上旬抢晴收获。在晚稻收割后，铲掉稻桩，填平脚印，及时开沟排水，使土壤干湿适中。水稻收割时宜将稻草整株收获，晒干田地为元胡种植备用。

（二）播种

播种前将选好的种块茎浸种，捞出晾干后备用。浸泡时，以浸没为宜，并除去浮在水面的病烂种块茎。

元胡的播种时间多在秋季进行，因为其不喜高温，秋季凉爽的气候比较适合生根发芽，每年 9 月下旬至 11 月上旬是元胡播种期，播种时期、种块茎大小及种植密度都会影响元胡的产量，因此播种前要尽早做好翻耕准备，选择合适等级的种块茎，合理密植、抢晴、抢季节适时早播（图5-9）。

图 5-9　元胡播种

每亩用种块茎40～45千克。在畦上按行株距为10厘米的密度摆放种块茎，芽眼朝上。

在摆放好种块茎后，将有机肥施在畦面上，然后将沟中的泥土敲碎覆盖于畦面上，覆土厚度为5～6厘米（图5-10）。避免田里出现大块土壤，否则阻碍根系向下生长，不利于元胡的块茎生长和营养吸收。

图5-10　元胡覆土

（三）田间管理

1. 稻草秸秆覆盖

播种后，11月中旬至翌年1月中旬是元胡地下茎伸长期，需要及时进行稻草秸秆还田，畦面同向或垂直覆盖稻草（图5-11），厚3～5厘米，起到保温除草的作用。

2. 水肥管理

1月下旬至2月下旬是元胡苗期，地下茎露出地面，叶色转绿，叶片展开，茎叶缓慢生长，逐渐产生分枝、复叶。此时需要合理浇水，在保证充足水分前提下，多水的季节也要做好排水工作，沟内不可有水。

图5-11　元胡播种后覆盖稻草

元胡自播种到采收的时间较长，但自出苗到枯萎的时间只有70～80天，要紧扣生育进程，做好肥水管理。主要施肥环节包括播种期的基肥、地下茎伸长期的腊肥、苗期和新生块茎形成期的春肥、新生块茎膨大期的根外追肥等，做到"基肥足、腊肥重、春肥早、根外追肥巧"。

3. 中耕除草

3月上中旬至4月中下旬是元胡开花期和块茎膨大期，需要进行中耕除草。中耕除草一般结合施肥工作一起进行。

选择晴天露水干后进行一次浅中耕，操作时小心，避免伤及地下种芽，耕后施肥。中耕可防止土壤板结，提高土壤通透性，增强植株营养吸收。除草则为人工除草，春季旺长期视杂草情况及时拔除2～3次。

（四）成熟采收

1. 成熟

3月下旬至4月下旬是元胡新生块茎膨大期和茎叶枯萎期，地下新生块茎开始快速膨大、充实，以及叶色转黄，茎叶倒伏、枯萎，块茎逐渐停止生长，即为元胡成熟。

2. 采收

4月底至5月上中旬元胡茎叶枯萎后3～5天选晴天及时采收（图5-12），防止采收过迟而导致块茎腐烂。采收时清理田间杂草，用四齿耙等工具浅翻，边翻边拣净元胡块茎，运回室内摊晾。

图 5-12　元胡采收

3. 留种储藏

采收后常用孔径1厘米的竹筛将元胡分为两级，即孔径1厘米以上的块茎加工售卖，孔径1厘米以下的块茎留种储藏。将种块茎摊放在阴凉、通风处晾4～5天，待种块茎表皮风干发白后用编织袋、布袋、箩筐等包装储藏（图5-13）。

图 5-13　储藏的元胡块茎

二、水旱轮作和套种技术

（一）技术原理

水旱轮作具有充分利用光能、养分、水分和土地等农业自然资源，减少农用成本，提高土地利用率的特点。轮作植物生境相似，采收时节匹配，茬口合适。对于长期淹水的稻田而言，土壤氧化还原电位低，次生潜育化普遍，影响水稻根系活力和生长，经水旱轮作后，土壤物理性质也得到有效的改善。

水旱轮作有利于土壤培肥，提高地力，降低化肥用量，部分农田还会增种一季绿肥来提高土壤有机质含量。元胡—水稻轮作可有效减轻元胡的土传病害，在缓解连作障碍的同时平衡土壤养分，减少化肥农药的使用，降低生产成本，做到经济效益、生态效益的统一。同时元胡采收后地上部分还田，直接整地放水，在水稻种植之后达到持续增肥的效果，有效改变农田土壤生态环境，使农田生物群落发生变化，原来猖獗的病、虫、杂草因一时不能适应新的生态环境而被消灭。在水稻收割后将稻草收集起来，可用于覆盖元胡，达到为元胡种植保温除草的效果，稻草在腐烂过程中还会释放有机质，达到松土和增肥的效果。

（二）轮作制度

1. 水稻—元胡水旱轮作一年两熟制

其布局为一年水稻和元胡两熟，定期进行稻麦轮作。水稻—元胡两熟制夏熟纯作元胡，秋熟纯作水稻，一年两熟。一般二至三年轮作换茬一次，将元胡改种小麦或绿肥，以改善土壤理化性状和控制病虫草害发生。该模式不仅节约了化肥和农药成本，还提高了元胡和水稻品质，增加了经济效益，减少了农业面源污染，提高了生态效益。

技术要点：9 月下旬至 10 月上中旬水稻成熟收割后翻地作畦，播种元胡，最迟不要迟于 11 月中旬下种，翌年 5 月中下旬元胡倒苗后收获，元胡收获后新一轮水稻播种育秧，6 月上旬水稻移栽，成熟后收获。

2. 水稻—元胡—玉米水旱轮作套种一年三熟制

其布局为一年水稻和元胡、玉米三熟，定期进行稻绿肥轮作。春夏元胡内套种玉米，秋熟纯作水稻，一年三熟。一般 2～3 年轮作换茬一次，在冬季种紫云英等绿肥，以改善土壤理化性状。该模式能有效提高土地利用率，比两熟制双季水稻种植模式增值显著。

技术要点：10 月中下旬晚稻收获后，及时种植元胡，元胡在翌年 4 月底至 5 月初收获。采取玉米育苗移栽，在 4 月上旬移栽于元胡行间，7 月上中旬收获。玉米收获后及时栽插晚稻。

三、旱地轮作和间作套种技术

（一）技术原理

主要是利用不同作物的生长期茬口实现轮作，除轮作外还有依据群落空间结构原理，充分利用光能、空间和时间资源提高农作物产量的间作套种技术，主要是玉米与元胡、豆类的间种套作。

（二）种植制度

种植制度主要为元胡—玉米—大豆（绿肥）旱地轮作套种一年两熟或三熟制。其布局为一年元胡、玉米两熟或元胡、玉米、大豆三熟，春夏元胡内套种玉米，元胡采收后玉米下套种大豆，一年三熟。此模式不但能培肥地力，改良土壤，还能较好地解决土地养用结合的问题。元胡和玉米轮作换茬，玉米收获后大耕，有利于加深耕作层和改善土壤理化性状。

技术要点：9 月中下旬种植元胡，翌年 3 月玉米育苗，在 4 月上旬移栽于元胡行间，4 月底至 5 月初元胡收获，6 月玉米行间点种大豆，7 月上中旬收获玉米。玉米收获后，或将大豆压青翻耕入土当绿肥，或等 9 月收获，既养地又多产。

第六章 金华佛手

第一节 金华佛手历史传承

70

一、金华佛手来源

金华佛手大部分是"南京种"（白花佛手）。如今已无明确资料记载金华佛手的来源，但民间流传着这样一个传说。

相传浙江金华山（今北山）南麓，住着独户农家，有母子俩相依为命。母亲年迈多病，60多岁，终日双手捂胸，胸腹胀痛，气喘吁吁，愁眉不展，痛苦不堪。儿子罗孝顺，为了给母亲治病，四处求医，终无良药。一天夜里，罗孝顺梦见一位美丽的仙女，赐给他一只像姑娘玉手般的果实。他跑回家送给母亲一闻，疾病就好了三分。为了治好母亲的病，罗孝顺下定决心要寻找那玉手般的果实，第二天天蒙蒙亮就出发了。经过一整天的翻山越岭，罗孝顺感到筋疲力尽，就坐在山坳里的一块大石头上歇脚，忽然一只小青蛙跳到他面前，唱道："金华山顶有仙果，仙果能救你母亲；明晚子时开山门，寻找良药莫错过。"罗孝顺听了非常高兴。第二天深夜，罗孝顺借着天上的星光顺利地进了山门，只见山门里繁花满地，仙果满枝，金光耀眼。这时一位美丽的仙女飘然而至，正是梦中所见之仙女。罗孝顺大喜，忙下地跪拜，祈求赐果。仙女感其孝心至诚，就赠他一只仙果，给他母亲治病。罗孝顺又想，天下患病之人无数，何不带些仙果苗去凡间种植，结下仙果给众人治病呢？仙女看他心地善良，于是又赠他天橘苗一株，让他带回凡间种植。罗孝顺到家后将天橘果煎汤给母亲服用，果显神效，第一天胸腹不痛，第二天能吃粥饭，第三天能下地干活。母亲的病好了，母子俩又将天橘苗栽到园地里，辛勤培育。三四年后，天橘苗长大了，结下硕果，他俩又将繁殖的小苗送给附近村庄上的人种植，果子送给人治病。大家认为那仙女就是观音菩萨，天橘果就是天上观音菩萨的"手"。因此，人们就将这种果实称为"佛手"。

除上述传说外，金华佛手的来源也众说纷纭。一说是北宋嘉祐年间（1056—1063）由婺州知州孙奕从家乡福建闽县带回，一说是南宋末年由后溪河村名儒何基（1188—1268）引入，还有一种说法是明景泰年间（1450—1457）由金华知府周钦从南京带回。但是有明确文字记录可考证的是民国三十一年（1942）西吴村《环溪吴氏十四修宗谱》记载："吾九世祖巽源公由吴阊带归佛手柑一种，玲珑奇巧，诚果中之仙品。"巽源公名必纲（1592—1674），其人"具经济大材"，"独以行商著"。佛手"售之省会，橐金而归，手足无甚劳而衣食有赢余"。此宗谱有《秋晓香柑》图，即盆景佛手。金华佛手有传统地方品种青衣童子（又名南京种），这与上述记载有着印证之处，因此，金华种植佛手历史有 400 ～ 600 年。

二、栽培历史

金华佛手栽培历史悠久，其中有明确的文字记载可追溯到约 400 年前，明末清初是栽培繁盛时期。查阅金华市档案馆的相关资料可知，20 世纪 30 年代，金华已有不少农户年产佛手上百斤，有个别农户年产量达上千斤。抗日战争前，金华县年产佛手 8 万只左右，畅销沪苏，后因战争破坏，金华佛手产销停顿。新中国成立后，金华佛手恢复生产，高峰时年产量达 500 ～ 600 担。金华县供销社的统计表明，1955 年金华佛手挂果 1.4 万多株，国家收购佛手 1.25 万斤；1957 年金华县栽培佛手 5 万多盆，挂果 3.4 万余盆，仅罗店、西吴、后溪河等村的农业社与供销社签订预售合同的就有 2 万多斤。1958 年，罗店花果队委托全国妇联沈兹九同志送给毛主席两个佛手，得到了毛主席的回信勉励。1960 年，朱德委员长到金华视察工作时专门参观了罗店的佛手园并指出："佛手，国家很需要，你们要好好养。"

与福建、四川等地产的佛手相比，金华佛手的形、色、香更胜一筹，售价可达国内其他产区的 3 倍。新中国成立前就有"一担佛手二十担谷"的说法。然而数百年间，金华佛手的产量却始终没有太大增长。新中国成立后，有关部门曾采取过奖售肥料、提高收购价等鼓励措施，如 1959 年佛手鲜果收购价从每担 80 元提高到 135 元，20 世纪 60 年代又提升到 300 元。在改革开放前，金华佛手的产量一直在原有的基础上浮动，甚至一度萎缩。

造成这一现象的原因是多方面的，其中主要的是受到栽培技术和栽培区域的制约。1951 年编印的《金华县首届农业展览会会刊》中，对金华佛手的这两个问题是这样描述的："佛手是金华的特产之一，但它的栽培区域非常狭小，只限于芙塘区（即后来的罗店区）西吴、罗店等几个村子的种植。由于佛手是原产于亚热带的植物，移栽到我们这边来，在繁殖管理等的技术上是要比其他植物来得困难……外界的人，就以为佛手的生长，大概与金华北山的水是分不开的。"

20 世纪 80 年代后，赤松乡（现赤松镇）山口村引种佛手，1986 年成功挂果，打破了金华佛手只能在罗店少数几个村种植的思想束缚。随后，赤松的佛手产业发展迅猛，在面积和产量上都很快超过了原栽培区域，成为金华佛手的主要产区。

1988 年，金华相继组建了佛手协会和佛手研究会，并建立佛手生产基地，开展佛手异地栽培、佛手促花保果等技术研究，为金华佛手产业的发展创造了更好的条件。20 世纪 90 年代，金华佛手多次获评国家级和省级优质农产品，被中国国际农博会认定为名牌产品，1998 年 4 月，金华县被评为"中国佛手之乡"。

借着获评"中国佛手之乡"的良好契机,1998年10月26—27日,金华县举办了首届中国佛手节。其间举行的"中国佛手之乡"授牌仪式和文艺演出中,著名演员冯巩、李志强登台献艺,还有金华佛手主题书画展、佛手基地参观等活动。

首届中国佛手节取得巨大成功,金华县以佛手搭台、经济唱戏,在佛手节上洽谈成功20多个项目,协议引资达1 000多万元。1999年,在新中国成立50周年之际,金华县又举办了第二届中国佛手节,引进项目22个,到位资金1 162万元。

如今,金华市现有佛手种植面积2 100余亩,主要产区金东区的佛手种植面积已达1 200多亩,有种植、科研、加工、电商销售等企业(农户)上百家。金华佛手产业已从单纯的盆景、果实销售向精深加工、文化创意、休闲观光拓展,不断开发丰富佛手产品。已形成较为完整的产业链,产值约1.2亿元。近年来佛手价格不断攀升,鲜果收购价从2020年的30元/千克提高到2022年的70元/千克,盆栽从180元/盆提高到280元/盆,"金佛手"成为名副其实的"致富果"(图6-1)。

图6-1 "金佛手"成为名副其实的"致富果"

三、文化流传

佛手与其他果实一样,是一种自然之物,本没有什么文化可言。随着佛手进入到人们的视野,进入到人的社会生活,随后就有了佛手文化。佛手虽不能与梅、兰、菊、竹相比,却也有其久远、深厚的文化历史。历代文人将佛手入诗入画,成为文学的描写对象和美术的描绘对象。在文学作品和美术作品中,有时表现高雅作品,有时融入民间风俗,表现为一种通俗文化,佛手便成为雅俗共赏的珍品。

明代诗人朱多炡的《咏宗良兄斋头佛手柑》写道："春雨空花散，秋霜硕果低。牵枝出纤素，隔叶卷柔黄。指竖禅师悟，拳开法嗣迷。疑将洒甘露，似欲揽伽梨。色现黄金界，香分白麝脐。愿从灵运后，接引证菩提。"

古代乡土诗人雪樵写道："苍烟罨丘壑，绿橘种百千。黄柑尤佳丽，伸指或握拳。清香扑我鼻，直欲吐龙涎。"这首诗对佛手的色、香、形都做了生动的描绘，进行了高度的评价。

清代沈蕙端的散曲《南商调金梧落妆台·咏佛手柑》写道："兜罗一握香，分现金身祥。把玩秋风，岂承露，仙人掌。来从祇树园，指点成千相。不须拳作降魔，却撮后慈悲向，可也拈花一色晚篱黄。"这首散曲运用了众多的佛教典故和知识，在佛手上做文章，粘合巧妙，说佛手柑不像佛捏成拳头降魔的手，而是撮合起来很慈悲的样子。

清代诗人李琴夫的《咏佛手》写道："白业堂前几树黄，摘来犹似带新霜。自从散得天花后，空手归来总是香。"该诗在描写佛手时，与前面几首诗都一样，都将佛手与佛教联系起来。清代大诗人袁枚在其《随园诗话》中高度评价了这首诗，说该诗"咏佛手至此，可谓空前绝后矣"。

从以上所述中可知，佛手在古代文学中体现出的高雅的品质。尤其是把它与深奥的佛教文化结合在一起，使它有了几分神秘的宗教色彩。

然而，佛手在绘画艺术中，往往表现为一种民俗文化。佛手，谐音"福寿"，就其一个"佛"字也给人一种吉祥之感。因此佛手被融入了民俗文化之中，作为吉祥之物加以描绘。

在《三希堂画谱大观》中有 3 幅图谱体现了佛手俗文化的内容。其一是佛手与桃、石榴画在一处，佛手象征"福"，桃象征"寿"，石榴表示"多子"，该画反映传统的伦理观念，意为"子孙满堂，福寿双全"。其二画的是佛手、石榴、莲藕、百合 4 种果品。佛手代表"福寿"；石榴与上义相同；莲藕因为中间空，寓意"通心"，人与人之间心里没有阻隔；百合象征一家和睦。这幅画同样反映了传统的理想观念：福寿双全，子孙满堂，通心达理，合家和睦。其三是佛手、仕女与蟾蜍画于一处。

1999 年 1 月由上海书店出版社出版的《中国吉祥图象解说》中有一幅《和气生财》，就是将佛手与桃子画在一处的，象征"福寿"，以示吉祥。除此以外，在民间的一些房屋的梁、栋上，牛腿上也雕有佛手的图饰。

由此可见，佛手不仅被历代文人看重，在民俗文化中也有深厚的根基。佛手所以被历代文人看重，能在民俗文化中扎根，是有其自身的原因的。

其一是佛手果的造型。佛手花也有浓郁的香气，但相比佛手果来说，花小，与柑橘属其他植物的花没有太大差别。佛手果不同，它虽名为果，但已经失去了果的内容，只保留了果的外形。而这种独特的果形，具有花一般的造型，观赏价值极高。佛手在我国南方的产地虽然很多，但以往产量都很有限，许多人只能是耳闻却不得目睹，一旦见之，大觉新奇，人见人爱。

其二是果的芳香。佛手果香，不是像桂花的香气，几天之内香气散去，不见踪影。佛手香味香气层次更丰富，造就了金华佛手以青草香和果香为主的主体香韵，香气清冷浓郁，供于室内，香味可达数月之久。即使成为干果，也有悠悠香气逸出，能够让人长久地享受。

其三是佛手良好的药用价值和保健作用。佛手的第一作用是它的药用价值和保健作用。佛手全身是宝，根、茎、叶、花、果均可入药，有理气化痰、止呕消胀，舒肝、健脾、和胃等功效。佛手的主要成分包括挥发油类（单萜类和倍半萜类）、黄酮类（主要药效成分为橙皮苷）、多糖等。实验证明，佛手中的呋喃香豆素类成分可增强巨噬细胞和中性粒细胞清除炎症的能力，并可通过抑制活性氧而减少氧化应激，减轻乙酸诱发的结肠炎；多糖类成分具有降血糖活性；佛手柑素可以增强胰岛素敏感性，并提高葡萄糖耐量。正因为佛手有那么多的好处和作用，人们把佛手当作吉祥之物，也在情理之中。

其四是佛手谐了"福寿"之音，同它具备的治病保健功效，与为人类"添福添寿"之意不谋而合。不像蝙蝠用来象征"福"那样纯粹同音而已。

由上可知，佛手是一种高雅观赏之果，是一种可治病消灾之果，是一种象征"福寿"的吉祥之果。

除了佛手果外，佛手花也是文人墨客笔下的常客。金华佛手的花朵洁白，香气扑鼻，果实精致有味、千姿百态，自问世以来也是深受人们喜爱。下面是一些诗句文章分享，以及几个诗句文章背后的小故事。

相传北宋大文学家苏东坡在杭州做官时，有一年深秋，慕名前来金华罗店观赏金华佛手。大诗人还未跨进园门，就被一股清香吸引住，迈进果园后久久徜徉于金华佛手树丛间。他见金华佛手果形千姿百态、奇特美观、妙趣横生，喜笑颜开。有位叫沁香的老人慕东坡之大名，前来求诗，苏东坡欣然提笔，即以金华佛手为题挥写了两副对联，其中一副为：

至今，这个饶有兴味的故事还在花农中流传着。

在古代，金华佛手同样也是达官贵人的珍品，文学名著《红楼梦》在描写探春房中的摆设时，就将佛手与颜鲁公墨迹同列。

第二节　佛手生物学特性与产地自然环境

一、佛手生物学特性

　　佛手（*Citrus medica*）又称佛手柑、飞穰、蜜罗柑、五指香橼、五指柑、十指柑等，是芸香科柑橘属的常绿小乔木，因其子房在花柱脱落后即行分裂，在果的发育过程中成为手指状肉条，状如观音之手，故而得名。除果实外，佛手的其他形态特征与柑橘属三大原生种之一的香橼（图6-2）类似，与柠檬等有近缘关系。

图 6-2　香橼

图 6-3　红花佛手

图 6-4　白花佛手

佛手根据花的颜色可分为红花佛手（图6-3）和白花佛手（图6-4），栽培得当可全年开花。红花佛手因其在花未盛开时花蕾呈红色而得名，一般情况，华南地区及四川一带的佛手花蕾呈红色，为红花佛手；白花佛手的花蕾及花瓣均为白色，产于金华的佛手通常为白花佛手。

图6-5　金华佛手

目前我国佛手主要栽培地为浙江、两广（广东、广西）、云南、四川等地，其中又以浙江金华的"金佛手"最为著名。金华佛手（图6-5）香气浓郁，果形奇特，拥有悠久的文化历史，深受国内外宾客的喜爱。青皮、白皮曾是金华地区的传统主栽品种，到21世纪，各佛手科研和栽培机构（单位）先后选育出阳光、秋意、千指玲珑、天赐、翠指等新品种（图6-6）。

青皮

千指玲珑

阳光

秋意

图6-6　金华佛手品种

金佛手集观赏价值、食用价值、药用价值和文化价值于一身，是当地著名土特产，深受国内外宾客的喜爱。与其他产区的佛手相比，金华佛手优势主要在于以下 3 点。

　　一是金华佛手名字大气响亮。中国佛手主产于闽、粤、川、江、浙等省。其他产区的佛手被称作"广佛手""川佛手""建佛手"等，只有金华产区的佛手被称作"金佛手"，不但突出了金华这一产区，更是暗含佛手色泽金黄的意味。

　　二是观赏价值极高。金华佛手指型特征明显，被称作"指佛手"，而其他地区的佛手基本以握拳形状为主，被称作是"拳佛手"。因此，除去相同的食用价值、药用价值，金华佛手观赏价值独一无二，还可以用于清供观赏、盆景制作和年宵花卉销售。

　　三是香气清冷浓郁。得益于金华佛手品种特性及金华山特有的气候条件，金华佛手果实的挥发性次生代谢物积累得更多，香气层次更丰富，造就了金华佛手以青草香和果香为主的主体香韵，香气清冷浓郁，显著区别于其他产区佛手的香气。

二、产地自然环境

　　金华佛手主产于金华市金东区赤松镇、婺城区罗店镇等环北山一带。金华佛手喜光喜温暖、不耐寒，栽培时需要使用疏松透气的土壤。金华处于金衢盆地东段，亚热带季风气候，气温适中，热量较优，雨量丰富，日照热量资源丰富。主产地多年平均气温 17℃左右，形成冬夏长、春秋短、四季分明的特点，年均无霜期达 252 天，年降水量 1 426.2 毫米；土质为微酸性砂壤土，疏松、肥沃，非常适合金华佛手的种植。

1. 光照

　　金华佛手是阳性花卉，原产地在亚热带（一说为热带），培育金华佛手一般情况要求达到全日照，即日照时数要达到 7～8 小时。若没有足够的光照，金华佛手的长势就弱，达不到培育精品金华佛手的目的。

　　光照强度对枝叶及花蕾的形成、开放、花色等都有影响。春季若多阴雨天气，光照强度不足常会导致结果率低。在冬季节光照不足时给予充足的光照，有利于促进金华佛手生长及开花结果。但在盛夏及初秋的高温季节，光照太强则对金华佛手生长不利，枝叶易灼伤受损。

近些年的研究表明，金华佛手生长分化对不同波长的光有不同的反应，具有不同的生长效应。红光、橙光能促进碳水化合物的合成，促进植物的生长、不定根的形成及开花结果。春秋季光照好，对生长、嫁接（高压）和结果有利；反之则佛手生长要受到影响，甚至无法挂果。蓝光则能促进蛋白质、维生素C及花青素的合成，提高金华佛手品质。

实行无土栽培的金华佛手，成活后要逐步见光，给予一定的光照，这是十分重要的。

2. 温度

温度是影响金华佛手植株内部酶活性和物理化学速率的最重要因素之一。若盛夏和早秋高温在35℃以上，酶活性等反应速率过大，对金华佛手植株和果实就会造成不良影响，使叶片等呈灼伤状；冬天0℃以下往往使金华佛手易受冻害。有人试验：南京种绿枝在-1℃连续21.3小时或-3℃连续10.4小时会显著受冻，-5℃时不足3小时即可显著受冻；"大果种"抗寒性更差。

金华佛手原是亚热带植物，对温度的要求有3个基点：最适温为25～28℃；最高温不能超过35℃；最低温不能低于-5℃（0℃以下就会引起冻害）。

温度还影响花色、花期及结果率。在最适温的条件下，花色洁白，花瓣肥厚，肉质饱满，香气浓郁，结果率较高；反之，花色不够美观，花瓣质劣，瘦弱纤细，香气逊差，结果率很低。

3. 水分

金华佛手既不是旱生花卉，也不是湿生花卉，而是一种中性花卉。它是介于旱生与湿生之间的一种植物，它不能长期干旱，也不能过于涝渍，盆中介质微湿为最佳状态。基质中含水量过多会占用基质的气体空间，使根系呼吸受阻，易产生烂根现象；基质水分过少，会影响根系和枝叶的生长发育。

浇灌金华佛手时，应使用无污染而干净的水质，山涧泉水和农村溪流的水最佳，农村塘水也可施用。城市自来水要放置1～2周后方可施用。千万不能施用工厂或农村排放的污水。

4. 空气湿度

金华佛手生长特性还有一个特点，即喜爱空气湿润。《本草纲目》说，佛手"植之近水乃生"。金华佛手需要栽培在气候湿润的区域内，相对湿度要在 60% 左右，在干旱和亚干旱地区栽培金华佛手比较困难。人工栽培区域湿度不能满足其生长时，就要辅之相应措施，改变小区域内的气候条件，如挖水渠、喷水滴灌等，以增加空气湿度。

此外，金华佛手还要求空气新鲜，有微风通气的环境。

第三节　金华佛手药理药效

《归经》记载，佛手药用可入肝、胃二经，果实的成分有梨莓素（$C_{11}H_{10}O_4$）、布柑苷（$C_{34}H_{44}O_{21}$）、橙皮苷（$C_{28}H_{34}O_{15}$），能治臌胀病、妇女白带病等症，还能用于醒酒。《中国药典》（2020 年版）中记载的佛手是佛手干燥的果实，性温，味辛、味苦，入肝经、脾经、胃经、肺经，有理气化痰、止呕消胀、舒肝健脾和胃等多种药用功效。现代研究表明，佛手中含多种化学成分，包括黄酮类物质、多糖、香豆素、氨基酸等，主要成分为黄酮、挥发油两大类，具有抗炎、抗肿瘤、调节血糖、抗抑郁、抗氧化等作用。据著名老中医张兆智之子张丹山医师研究："佛手有气清香而不烈，性温和而不峻，既能疏理脾胃气滞，又可舒肝解郁、行气止痛，行气之功颇佳。"张丹山医师常用它与其他药配伍治病，效果显著。

佛手有七言韵语："佛手性温苦辛酸，畅中开胃也舒肝，气机郁结脘胁痛，痞满纳差芳化宣。"说的是佛手全身是宝，果、花、根、叶均可入药。佛手的不同部位炮制方法不同，用途不一。

一、果实

应在秋季果实尚未变黄或变黄时采收，纵切成薄片，晒干或低温干燥。入药的佛手片（图 6-7）需为椭圆形或卵圆形的薄片，常皱缩或卷曲，长 6～10 厘米，宽 3～7 厘米，厚 0.2～0.4 厘米，含橙皮苷不得少于 0.030%。可治胃病、呕吐、噎嗝、高血压、

图 6-7　佛手片

气管炎、哮喘等病症。

图 6-8　老香黄

佛手作为药食同源的物质,可用于食疗,其中又以广东潮汕的凉果老香黄（图 6-8）最为著名。老香黄以佛手的果实为原料,经过分切、盐腌、晒干、漂煮、中药浸膏浸泡、晒制等步骤，九蒸九晒，陈封瓦瓮中，直至其油亮漆黑，状态绵绵如膏。老香黄具有去积祛风、开胃理气、化痰生津等功效，可治胃痛、腹胀、呕吐和痰多咳喘等疾病。老香黄制成后，久藏不坏，且保存愈久药效愈佳，身价也就愈高。因此，长期以来老香黄备受当地人喜爱，成为家庭必备的药用凉果。

图 6-9　佛手干花

二、花

在晴天日出前疏花时采收并拾败落花，晒干或烘干（图 6-9）。质量以朵大、完整、香气浓郁者为佳。佛手花气香味辛、微苦性平，有平肝降气、开郁和胃功效。

三、根

佛手根于 9—10 月挖取，除去杂泥、草根，洗净晒干。佛手根味苦辛、性平无毒，可顺气止痛，可治男子下消、四肢酸软。

四、叶

佛手嫩叶可用于制作佛手茶。佛手叶味苦辛，《本草分经》中描述其"入肺脾，理气止呕，健脾，治心头痰水气痛"。临床经验表明，佛手根和叶可用于治疗脾肿大、十二指肠溃疡、神经性胃痛及癫痫等病。

第四节 金华佛手产业现状与展望

一、产业现状

近年来,金华市立足独特的区位优势和资源禀赋,依托能人大户带动,大力发展"佛手经济",致力于产品与科研同步发展,依托金华市农业科学研究院、浙江师范大学等科研院校,成立"金华佛手综合利用开发专业实验室",建立了专业攻关团队,选育出盆栽观赏、加工采收、采果观赏等多种功能性品种(图6-10、图6-11),推进佛手产业提质增效,促进生态效益、经济效益和社会效益良性互动,带领村民一起增收致富。目前金华市佛手栽培面积大约2 100亩,均为设施栽培。除传统单体棚、连栋大棚外,部分种植户应用了5G、物联网等先进技术,提升了佛手栽培效率与品质,如赤松镇投资2 000万元,打造占地120亩的现代化佛手精品种植基地,开发5G+智慧农业系统,应用于佛手的种植、灌溉、库存等全生命周期管理,同步搭建佛手物联网平台,建立产业数据库,形成数字化、智能化管理。各级政府通过"田间七日""三联三送三服务"等活动,及时帮助农户解决种植难题,发展合作社、服务网点等服务组织,推动经营主体从分散经营到抱团发展,如赤松镇已成立合作社3家、网点10个。

图6-10 本书主编陈旭选育红花佛手品种阳光

图 6-11 阳光、秋意佛手新品种保护实地考察现场

以往金华佛手销售主要以鲜果和盆栽为主，产品单一，加之盆栽运输困难，限制了佛手产业的发展。随着互联网和物流行业高速发展，佛手搭上了电商快车道，佛手盆景开始销往杭州、宁波以及上海、江苏、福建、江西、湖南、云南、广西等地。金华市通过制定政策、搭建平台、组织培训等一系列举措，吸引许多年轻人回归家乡从事佛手电商销售（图 6-12）。这些"新农人"熟悉佛手产业，乐于运用社交媒体平台，有效拓宽了佛手在线营销范围。例如开发了佛手青果清供、带枝水插等新型应用场景，将佛手鲜果销售时间从 11 月上旬提早至 6 月下旬，延长近 5 个月时间，极大带动了佛手的销售总量。2022 年 8—11 月旺季单家电商平均销量 600 单/天，平均销售鲜果近 600 斤，销售额近 4 万元，通过电商销售产值佛手超过 6 000 万元。

图 6-12 佛手电商销售直播场景

除扩宽佛手销售渠道外，金华市大力推进产业融合。近年来以浙江金手宝生物科技有限公司为依托，对金佛手有效成分和作用开展产业化研究，延长生产链，开发出精油、面膜、乳液、淋浴露等多款佛手天然添加物的日化系列产品，以及佛手汁饮品、佛手露口服液、佛手纤维奶茶等健康食品，解决了佛手产品单一的问题，提高了产品的附加值（图6-13）。如今已与世界跨国食品原料供应集团 Kerry 集团达成供货协议，预计年供应金佛手精油2 000 千克，产值 2 000 万元。金东区北山口村利用村集体经济组织"佛手礼道"品牌，不断丰富产业形态；新建 150 平方米公共储藏冷库，延长佛手产品保鲜周期；推进研发系列产品 10 余件，佛手延伸产品销售额突破 1 000万元；每年 10 月举办"金秋佛手节"，宣传金华佛手历史文化，推出以佛手为主题的文具、明信片、水杯等系列文创产品，提升金华佛手附加值、知名度。目前已成功举办 4 届"金秋佛手节"，并将佛手节带进央视《走进乡村看小康》现场直播活动，网络点击播放量超 3 000 万人次，在全国成功打响"金秋佛手节"特色农旅品牌。2021 年游客增至 3 万余人，同比增长 50%，推动佛手农产品价格涨幅达 100%。此外，还以佛手产业为依托，结合农业、旅游、文化、创意，打造集佛手文化展示、现代农业观光、农产品展销、休闲娱乐等七大功能于一体、占地 500 亩的锦林佛手文化园，目前已发展为全市首家全国休闲农业与乡村旅游示范点、国家 AAAA 级旅游景区，年接待游客最高达 20 万人次，年旅游收入最高达 700 余万元。

佛手酸奶

佛手酒

佛手茶

佛手饮料　　　　　　　　　　　　佛手桃胶羹

图 6-13　佛手新产品

二、发展前景

佛手被誉为"果中之仙品，世上之奇卉"，具有丰富的内涵。与广佛手、川佛手相比，金佛手更是有自己鲜明的特点，在鲜果、盆栽销售，深加工方面具有广阔的发展前景。

金佛手品种丰富，果形玲珑奇巧，形如观音手指，千姿百态，妙趣横生。成熟后的佛手皮黄如金，肉白似玉，香气馥郁，沁人心脾，令人爱不释手。加之气候原因造成金佛手含水量较广佛手、川佛手更小，果实不易腐烂，其色、香、形可达数月之久，为家居庭院、办公会客、宾馆园林点缀之名品。此外，金佛手有着深厚的文化底蕴。除与"佛"结缘外，金佛手更是与"黄大仙"结缘。"黄大仙"灵迹不仅远播香港，还远及欧美，使得金佛手深受港澳台同胞、海外侨胞的崇尚和喜爱，被称为"大仙果"，视为吉祥之物。金佛手独特的观赏价值和深厚的文化底蕴使其多用于清供观赏、盆景制作和年宵花卉销售。2022 年，金佛手果价格为 15～17.5 元 / 千克，"广佛手"果价格为 4～6 元 / 千克，"川佛手"价格为 2.5～3 元 / 千克，金佛手价格优势明显，品相好的佛手在市场上更是供不应求。

独特的地理位置和气候条件使金佛手香气馥郁，沁人心脾。此外，其叶片和花苞也具有浓郁的香气，可用于精油的提取。在心理疗效上，金佛手精油（图 6-14）既能安抚，又能提振，能创造出一种令人放松和愉快的感觉，因此在芳香疗法中十分受人们追捧。此外，佛手精油是高端香水、香薰产品的重要原料。公开数据显示，2020 年中国香水行业市场零售额为 109 亿元，2015—2020 年中国香水市场复合年增长率（CAGR）为 14.9%；预计到 2025 年，中国香水行业市场零售额将达 300 亿元，2021—2025 年 GAGR 将达到 22.5%；到 2025 年，全球香水行业市场零售额预计将达 4 321 元，2021—2025 年 GAGR 为 7%。其中，中国市场增速远超全球，未来发展空间广阔。除佛手精油外，佛手汁饮品、佛手露口服液、佛手纤维奶茶等健康食品也深受人们追捧，2022 年推进研发的 10 余件佛手延伸产品销售额突破 1 000 万元。

图 6-14　金佛手精油

第五节　金华佛手特色栽培技术

目前佛手销售主要以鲜果和盆栽为主。一般的佛手盆栽高度在 50～70 厘米，不适合摆在桌上赏玩。现今金华市农业科学研究院培育出了一种高度为 20～30 厘米的微型佛手盆栽（图 6-15），高度仅是传统盆栽的 1/3，其在保留金华佛手特色的前提下，还具有占地面积小、培育周期相对较短、便于网络销售和市场流通等优点，极大提高了农民的单位生产效益。佛手微型盆栽不仅雅观别致、充满生机，又具有装饰性，可布置在厅堂、茶案、阳台、居室，具有广阔的市场前景。

图 6-15　微型佛手盆栽

一、品种选择

微型盆栽植株较小，大果型品种树体无法提供充足的养分，且会导致后期盆栽摆放不稳。考虑到微型盆栽摆放地点，需要选择无刺的品种以免造成伤害。故而在选择品种时，需选择果小、无刺、耐修剪、节间短、自然坐果率高、生长速度快的品种，例如袖珍、天赐、翠指等。

二、大棚设施

在避风向阳、排灌良好、地势平坦、交通便利的地方搭建大棚，可采用镀锌钢管构建的单体或连栋大棚，单体大棚应符合 DB33/T 865 要求，跨度 8 米、顶高 3.3 米，连栋大棚的跨数和长度可根据生产需求和场地大小而定。大棚内配有可移动苗床、喷灌设施、控温设施和遮阳系统。

三、种苗繁殖

佛手果实种子发育不完全，生产上一般运用扦插的方式进行繁殖。

1. 插条选择

在长势优良的佛手植株上采集枝条。选择上年位于植株中上部的健壮秋梢，插条的中央直径在 0.5 厘米以上，截成长度 8～12 厘米的插条，要求切口平滑，每根插条至少有 4～6 个芽，摘除插条上的叶子或保留最上端半张叶子。插条剪下后将基部约 2 厘米浸泡在 200 毫克/升的萘乙酸中 30 分钟。

2. 育苗基质配制

选择透气性、排水性好的栽培基质，泥炭土的规格选择 0～10 毫米，珍珠岩的规格选择 4～8 毫米，按体积比配比，泥炭：珍珠岩 =5：3。

3. 扦插

扦插时间选择在春季 4 月中旬至 5 月上旬。采用 32 穴的林木穴盘进行扦插。扦插深度为插条长的 1/2～2/3。

4. 插后管理

扦插后及时浇透水，后期管理过程中保持基质湿润，用 50% 的遮阳网进行遮阴，以便插条出芽生根。当新梢达到半木质化时即可撤除遮阳网，做好蚜虫、红蜘蛛、潜叶蛾等的防治工作。

四、上盆

1. 盆器选择

选择较小的盆器是控制佛手植株大小的手段之一。佛手微型盆栽栽培过程中一般采用12厘米×10厘米的塑料花盆或营养钵，最大规格不超过19厘米×14厘米。植株出圃后可根据产品需求，选择透气性和排水性好的陶瓷盆，提高观赏性。

2. 基质配制

选择透气性、排水性好的栽培基质。按体积比配比，泥炭：珍珠岩：生物质炭：基肥=5：3：0.5：1。基肥以有机肥为主，可选择15%～25%腐熟羊粪或牛粪为底肥。佛手喜偏酸性土壤，基质pH 6.0～6.5，EC值0.45～0.55毫西门子/厘米。

3. 上盆

一般为2月中旬至3月下旬，春芽萌发前。上盆时修剪根系，浇透水。将植株竖直放置于盆器中央，四周均匀填充基质至距盆口2～3厘米。

4. 摆放

根据植株大小分别摆放，以植株叶片不相互交错为宜。设施栽培一般采用12厘米×10厘米的塑料花盆或营养钵，摆放于40厘米×40厘米的托盘中。未挂果盆栽按9盆/托盘摆放，挂果盆栽按5盆/托盘摆放。按植株年龄分别摆放到苗床上。

五、栽培管理

1. 水肥管理

根据土壤墒情进行浇水，非必要不浇水，避免容器内积水。夏季温度高，水分蒸发快，此时需在每天清晨或傍晚浇水，避免中午浇水，保持土壤湿润，防止佛手叶片因缺水导致泛黄。秋季挂果期减少浇水，11月中下旬花芽分化前适当控水。

佛手微型盆栽选用的栽培容器较小，基质含有的营养成分少，因此栽培过程中特别是挂果期需提供足够的养分供其生长。施肥以少量多次为原则。

佛手幼树在春梢（3月底至4月初）、夏梢（5月下旬至6月）及秋梢（7月下旬至8月上中旬）抽发前，施肥以氮肥为主，适当结合磷钾肥，9月下旬停施氮肥；冬季以饼肥为主，可使用菜籽饼泡水进行浇灌。成年树全年可施肥，可选择缓释肥，每盆3～5克，施肥间隔时间15～20天；冬季以饼肥为主。

2. 温度控制

佛手喜温不耐寒，生长最适温度为15～25℃，气温低于5℃或高于35℃时进入休眠状态。冬季棚内使用加温设备，保持温度在5℃以上，防止发生冻害。夏季使用水帘、通风扇等设备进行降温，控制温度在30℃以下。

3. 光照管理

佛手喜阳耐半阴，日常管理无需补光。夏季中午需进行遮阴，避免阳光直晒造成灼伤。秋季挂果期可适当遮阴，延缓佛手果实转黄，使盆栽可分期出圃。

4. 整形修剪

一般佛手盆栽定干在8～12厘米，微型盆栽定植后控制主干高度不超过5厘米。在新芽长至3～5厘米时疏芽，保留不同节位、不同方向3～5个芽。新梢长度达到容器直径时摘心，保持株型均匀圆整。对上盆培育两年后的盆栽，于当年7月下旬进行夏梢修剪。

在生长过程中要及时疏除枯枝、病虫枝、丛生枝、衰弱枝、过密枝等，对扰乱树形的徒长枝则从基部剪除，促发新梢。生长势弱的树可重剪，生长势强的应轻剪；春、夏季轻剪，秋季重剪。

5. 花芽调控

上盆两年后并完成夏梢修剪的盆栽，在秋梢萌发至2～3厘米时，喷施多效唑进行处理。在11月中下旬、1月上旬和2月下旬等时间节点根据新芽萌发实际情况进行多效唑处理。有80%的花蕾出现时停止催花，防止树势衰弱。

6. 花果管理

佛手开花多，但坐果难，要疏去畸形蕾、病弱蕾，每个枝条只保留1～2朵花。在花瓣刚落，露出小幼果时需进行保果，可用氯吡脲+赤霉素喷施。后期根据果实长势和植株造型，每个盆栽一般留2～3个果，最多不能超过

5个，疏去多余的果。定植3年后的佛手，在1月需摘除黄果，保障树体能吸收足够的养分，为来年挂果做准备。

六、病虫害防治

佛手常见的虫害有红蜘蛛、潜叶蛾、柑橘锈壁虱、介壳虫等，常见的病害包括炭疽病、灰霉病、茎腐病等。生产上病虫害防治以农业防治为基础，综合利用物理防治、生物防治、化学防治。

（1）农业防治。做好冬季清棚，保持场地清洁，减少越冬虫源，及时清除病虫叶、枯枝以及杂草。发病盆栽单独摆放，避免病虫害扩大。加强栽培管理，控制摆放密度，增强通风和透光性。施肥以腐熟的有机肥为主，严格控制氮肥施用量，避免佛手徒长。棚内湿度过高时，及时通风，降低棚内湿度。合理修剪，使佛手植株通风透光。

（2）物理防治。可利用诱虫灯、黄板等对昆虫进行诱杀，利用臭氧水消除病原菌。

（3）生物防治。可使用生物源农药防治病虫害。

（4）化学防治。化学防治要严格控制农药的安全间隔期、施用量、施用浓度和次数。药剂使用严格按照"农药合理使用准则"系列标准的规定执行。农药混用时要注意是否会产生有毒物质，不可长时间使用同一药剂，避免病虫产生抗药性。

第七章　铁皮石斛

第一节　铁皮石斛历史传承

一、品种沿革

石斛入药首见于中国第一部药物学专著《神农本草经》，历代本草学著作记载多种石斛。

铁皮石斛之名见于《市隐庐医学杂著》（1913）"论湿温证用药之误"中

"湿温非死证，而今之患湿温者，往往致死岂非服药之误乎……既而见有霍斛矣，既而见有鲜斛矣，最后见有铁皮风斛矣。"此后《金子久医案》（1924）的《风温案二》的处方中以及《中国药学大辞典》（1935）、《安徽歙县志》（1937）、《药材资料汇编》（1959）均记载了铁皮石斛。此外，《本草正义》（1920）的铁皮鲜斛、《孟河丁氏医案》（1927）的鲜铁石斛、《中国药物标本图影》（1935）的铁皮鲜石斛等是铁皮石斛的不同表述，只是简称或字序有所不同。

铁皮石斛的形态描述最早见于《绍兴本草》（1159）的温州石斛，并附图，根据节是黑的、较短、较圆实（从节间长度与直径比来看）等特点和产地，初步考证其为铁皮石斛 Dendrobium officinale，其源头《本草图经》（1061）和《大观本草》（1108）的温州石斛附图与之接近，《本草图经》的"温、台州亦有之"，与附图相呼应，再结合《台州总志》（1223）、《温州府志》（1537）和《浙江通志》（1561）进贡石斛的史料，以及《本草汇言》（1624）"近以温、台者为贵"的记载，可以初步认为北宋时期的温州石斛即是分布于浙江的铁皮石斛 Dendrobium officinale。浙江瑞安陈葆善在其《本草时义》（1903）中云："泰顺（今浙江省温州地区泰顺县）所产有铜兰、铁兰之别，铜兰色居青黄之间，颇有铜象；铁兰则色青黑，俨如钱形；至肥泽多脂则以铁兰为佳。"张山雷在其《本草正义》（1920）中云："以皮色深绿，质地坚实，生嚼之脂膏黏舌，味厚微甘为上品，名铁皮鲜斛，价亦较贵。"将陈、张二氏所述形色味特征联系起来可知，铁兰即铁皮石斛。广西土名为铁皮兰（见《六桥医话》），说明浙、桂两地民间对铁皮石斛有相近的观察和命名。湖南《永州府志》（1828）云："石斛为江浙间盛行之药；吴中药贾入山竞采，获利数倍。"彼时吴中药贾不远千里到湖南所采的石斛，应该是珍贵的铁皮石斛而不是其他种。近现代鲜石斛即是铁皮石斛的证据有二：一是张仁安《本草诗解药性注》（1960）记载"鲜石斛即铁皮石斛，大寒，治胃中大热，生津滋干，泻热益阴，胜于干者"；二是《浙江药用植物志》记载处方用鲜石斛即为铁皮石斛。此外，《中药材手册》（1959）鲜石斛照片也似铁皮石斛。多位专家实地调查表明，近现代枫斗主要以铁皮石斛为原料加工而成，鲜石斛以铁皮石斛为主。

兰科植物石斛类群的命名深受中医药影响。石斛属名源于《神农本草经》收载的石斛。Dendrobium officinale 的植物中文名铁皮石斛来源于药材名铁皮石斛，此拉丁名发表于 1936 年，其定名人 Kimura（木村康一）曾赴广东、广西、云南、福建、江西、贵州、安徽、台湾等原产地觅集石斛植物标本和药材。但铁皮石斛的模式标本采自何地、藏于何处却不详（《中国植物志》）。木村康一采用种加词"officinale"（药用的），表明他在调查过程中发现这是一个用于医疗时间长久、知名度很高的物种。铁皮石斛可能在历史上还是一种名为挂兰、吊兰的观赏植物，证据如下：高濂《遵生八笺》（1591）云"挂兰产浙之温台山中"；明朝崇祯丙子年（1636）修订的《宣平县志》（1958年原宣平县撤销建制并入武义县）记载，"石斛，俗名吊兰……人有取来，以沙石栽之或以物盛挂檐下，经年不死，俗名为千年润"；《浙江通志》（1736）记有挂兰，"产温台山中，岩壑深处，悬根而生，人取之以竹为络，挂之树底，不土而生，生花微黄，肖兰而细，不可缺水，时当取下浸湿又挂，亦奇种也"。以上记载与《本草图经》等所述温台产地相同。此外，1330—1650 年有以"挂兰"为题的三首诗，铁皮石斛的文化属性十分明显。

二、产地沿革

铁皮石斛的道地性首先与产地有关，历史上有产江浙和广南之说，17世纪以来更强调以温州、台州为贵。由于江、浙、皖、闽等地铁皮石斛资源被采挖殆尽，随着科研水平的不断提高，逐步突破人工种植技术瓶颈，开始人工栽培，将浙江优良品种引至云南，而云南适宜的气候使其种植面积迅速扩大，逐渐形成了浙江与云南两大主要产区。《药材资料汇编》（1959）中提到 20 世纪 50 年代市场上形成以云南铁皮、贵州铁皮、广西铁皮为主的局面，铁皮石斛的分布很广，资源曾经很丰富。《中华本草》（1997）中也明确记载"又名黑节草（贵州、云南），铁皮兰（广西）……分布于广西、贵州、云南等地"。铁皮石斛的道地性还体现在生境方面，《神农本草经》的石斛之名体现了其石生环境，多部本草著作记载其"生石上"。《本草纲目》（1596）将其列为石草类。王肯堂校、张三锡著的《医学六要》（1609）之"本草选"将其标为石草部，记载石斛的"道地"是"丛生石上"。石斛属植物有 70 多种，但生于潮湿岩壁和石缝者为数不多，铁皮石斛是其中之一。

综上，铁皮石斛的使用历史佐证道地药材是由临床长期使用遴选出来的。

在石斛属 70 多种植物中，历代医药学家通过临床长期实践和研究，发现了浙江铁皮石斛独特的性状和疗效，发明了枫斗的加工方法，使浙江产的铁皮石斛在 20 世纪 30 年代价格高于冬虫夏草近 30 倍。21 世纪以来，科技进步使铁皮石斛的生产加工高速发展，创造了巨大的经济效益，续写了铁皮石斛的辉煌。铁皮石斛的历史还清楚地表明，浙江和云南是铁皮石斛及其加工品枫斗的发源地，以"铁皮"或"铁"来命名而竖立其正宗性是一个"色"字（色青如铁），并且"生嚼之脂膏黏舌"（茎饱满不虚、黏液细胞丰富、多糖含量高）。以此为标准来衡量铁皮石斛是否道地、评价生物技术生产铁皮石斛是否优质，是传承道地铁皮石斛的基本标准。所以，通过历史文献考证表明，浙江、云南的铁皮石斛有独特的性状和疗效，医家临床用药对其较为推崇，认为浙江、云南产的铁皮石斛品质佳，为道地药材。

金华种植铁皮石斛历史悠久，相传唐朝年间，曾为唐高宗、武则天等五代皇帝做过御医的养生大师叶法善晚年隐居于现金华市武义县西南山区（原宣平县）一带，为后人留下许多御用秘方，而金华铁皮石斛正是这些组方、遗方中的精华所在。《宣平县志》（1636）记载"石斛，俗名吊兰……以沙石栽之或以物盛挂檐下，经年不死，俗名为千年润。"明确了金华区域铁皮石斛人工栽培已有近 400 年历史。2022 年末统计数据显示，金华市铁皮石斛人工栽培面积共 3 949 亩，产量 579.5 吨（干品），产值 3.68 亿元。主要种植区域为义乌 1 200 亩、武义 1 500 亩、磐安 800 亩、兰溪 120 亩、永康 100 亩、婺城 100 亩。铁皮石斛种植基地如图 7-1 所示。

图 7-1　铁皮石斛种植基地

三、文化流传

（一）石斛由来

石斛之名最早见于我国先秦重要古籍《山海经》，其药用则始载于《神农本草经》。东汉著名经学家、文字学家许慎曾在《说文解字》中对"石""斛"二字分别给予了详细解释："石，硕大，借为柘字，柘百二十斤""斛，凡斗之属皆从斗。斛，十斗也"。"石""斛"两字在古代均指的是量器之意，因而两字合用意为如石之重、如斛之容，是古人对于石斛珍贵价值的充分肯定。

（二）石斛神话

相传为南极仙翁故里的寿仙谷，地处素有温泉之乡、生态之乡、森林公园之称的浙江武义县中部，是仙霞岭与括苍山脉的交会处。传说玉皇大帝手下曾有一员英武的大将名叫青龙，他爱上了王母娘娘的侍女——温柔美丽的金凤，为了自由和爱情，他们不顾冒犯天规，毅然下凡到人间。玉帝听闻大怒，于是派了天兵天将前往捉拿。青龙和金凤躲到了常年云雾缭绕的寿仙谷中，连玉帝派去的千里眼、顺风耳也找不到；又说是追兵首领黄龙，念青龙手足之情，有意放过他们，后来玉帝知道了，迁怒于黄龙，将他打入杭州宝石山的一个石洞中，成为今天的黄龙洞。

青龙与金凤居于谷中一石洞里，过着男耕女织、安宁幸福的生活，还有了爱情的结晶，生了一个虎头虎脑的男孩。这个孩子吸收了谷中之灵气，自幼聪慧过人，而又心地善良，长大后精通医术，常不畏艰险腰系缆绳飞渡百丈深谷，采集悬崖上饱浴云雾雨露之滋润、受天地之灵气、吸日月之精华的铁皮石斛等仙草，治病救人、驱瘟辟邪，为民造福。因广积善德，千年之后，他羽化成仙，被玉帝册封为主管人间健康长寿的老寿星南极仙翁。

寿仙谷一带的百姓历来长寿，当地还有我国保存最完好的古村落，如闻名遐迩的郭洞古生态村和俞源的太极星象村，那里90岁以上的寿星比比皆是。他们的长寿之谜吸引着许多科学家前去探究，尽管目前尚无明确的答案，但有两个因素是举世公认的：一是寿仙谷是一块远离污染的净土，有着得天独厚的自然环境；二是当地百姓自古以来就采食山中珍贵的药草铁皮石斛等药材，用于防病治病、益寿延年。

（三）石斛文化

石斛作为一种数千年来极其名贵、备受推崇的中草药，其文化价值首先体现在历代医家、学者对于石斛中医药文化的传承方面，诸多具有影响力的医学专著和文献典籍均将石斛收入其中，奉其为药中上品。

相传，武则天曾长期服用由唐代著名养生大师、六朝御医叶法善（曾隐居于武义寿仙谷一带）制作的"养颜第一方"（此方中藏红花为君药，铁皮石斛、灵芝二味为臣药），长达50年之久，令其即使到了晚年也依旧容颜美丽，达到了延缓衰老、延年益寿的作用。

药王孙思邈对铁皮石斛的功效也是推崇备至，曾在丈人山（青城山）一带种植石斛治病，并将其作为自己的养生益寿之本，传说中，他的一生经历了西魏、北周、隋、唐四个朝代，直至141岁的仙寿高龄才与世长辞。后世随着古代丝绸之路的传播，石斛还扩散到了全世界。石斛成为源远流长的中华文化历史长河中，那熠熠夺目的象征着不染纤尘、稀世难得且能使人延年益寿、轻身美容的中医药文化符号象征。

义乌人朱丹溪提出"阳常有余，阴常不足"理论，创立了丹溪滋阴学说，并首推"滋阴圣品"铁皮石斛。立足中医药养生文化发展起来的"森宇"，将继承和发扬朱丹溪滋阴养生理论视作企业责任。除以森山药局为载体建立世界滋阴养生文化研究中心，8年来"森宇"也坚持在丹溪故里义乌举行"森山66文化节"，并以盛大仪式纪念朱丹溪。

（四）石斛艺术

铁皮石斛观赏价值极高，花姿优雅，玲珑可爱，花色鲜艳，气味芳香，被誉为"四大观赏洋花"之一，既可作切花，也可盆栽观赏。铁皮石斛花朵剪下2～3天也不凋萎，生命力旺盛令人赞叹。

该属植物被认为"秉性刚强，忠厚可亲"，西方社会人们常把它敬献给自己爱戴的尊长。并在每年6月19日时，将石斛送给父亲，称之为"父亲节之花"。它的花语是"欢迎你，亲爱的"，可将其与非洲菊、圆叶桉树制成胸花，佩在胸前。在欧美常用石斛花朵制成胸花，配上丝石竹和天冬草，表示"欢迎光临"，广泛用于大型宴会、开幕式剪彩典礼或招待贵宾。

石斛兰的鲜花或干花还是现代居家装饰的重要素材，不断彰显着人们对石斛花卉的审美文化追求。居家中摆放一盆以石斛兰为主要素材的插花作品，石斛亭亭玉立的身姿，含蓄、典雅、清丽的花色，自然舒张、飘逸清秀的枝叶，既体现了我国传统审美中不尚浓妆艳抹的美学特点，又与现代审美中推崇花叶皆优的标准完美契合。

第二节　铁皮石斛生物学特性与产地自然环境

一、铁皮石斛生物学特性

　　铁皮石斛（图7-2）茎直立，圆柱形，茎长9～35厘米，茎粗2～4毫米，不分枝，具多节，茎节间长1.3～1.7厘米，常在中部以上互生3～5枚叶。叶2列，纸质，长圆状披针形，长3～7厘米，宽9～15毫米，先端钝并略有钩转，基部下延为抱茎的鞘，边缘和中肋常带淡紫色；叶鞘常具紫斑，老时其上缘与茎松离而张开，并且与节留下1个环状铁青的间隙。总状花序常从落了叶的老茎上部发出，具2～3朵花；花序柄长5～10毫米，基部具2～3枚短鞘；花序轴回折状弯曲，长2～4厘米；花苞片干膜质，浅白色，卵形，长5～7毫米，先端稍钝；花梗和子房长2～2.5厘米；萼片和花瓣黄绿色，近相似，长圆状披针形，长约1.8厘米，宽4～5毫米，先端锐尖，具5条脉；侧萼片基部较宽阔，宽约1厘米；萼囊圆锥形，长约5毫米，末端圆形；唇瓣白色，基部具1个绿色或黄色的胼胝体，卵状披针形，比萼片稍短，中部反折，先端急尖，不裂或不明显三裂，中部以下两侧具紫红色条纹，边缘多少波状；唇盘密布细乳突状的毛，并且在中部以上具1个紫红色斑块；蕊柱黄绿色，长

图7-2　铁皮石斛

约 3 毫米，先端两侧各具 1 个紫点；蕊柱足黄绿色带紫红色条纹，疏生毛；药帽白色，长卵状三角形，长约 2.3 毫米，顶端近锐尖并且二裂。

铁皮石斛花期在 5—6 月，6—9 月植株生长速度比较快，株高、鲜重等都会明显增加，10 月硕果成熟，10 月底至 11 月初铁皮石斛小部分开花（俗称"小阳春"），11 月植株封顶进入休眠期。

一般在硕果采收后当年 11 月或翌年 4 月开始组培播种，经 12～15 个月组织培养后出苗移栽大田，5—6 月开花，8 月萌生新芽，10 月硕果陆续成熟，11 月封顶停止生长。

二、铁皮石斛产地自然环境

铁皮石斛喜温暖湿润气候，适宜在凉爽、湿润、空气流通的环境中生长，常常附生于山地半阴湿的岩石或树上。要求年平均气温 18～21℃，空气相对湿度 70%～90%。铁皮石斛生长缓慢，种子极小、无胚乳，自身繁殖力低，需与某些菌根真菌共生才能萌发，植株营养生长和生殖生长都需要与特定菌根形成共生关系，才能完成生活史。

第三节　铁皮石斛药理药效

一、历代本草功效记载

铁皮石斛以茎入药，属补益药中的补阴药，益胃生津，滋阴清热。

石斛始载于东汉时期我国第一部药学专著《神农本草经》，列为上品："味甘，平。主伤中，除痹，下气，补五脏虚劳、羸弱，强阴。久服，厚肠胃、轻身、延年。"其后的本草著作大多沿用该书记载。

魏晋《名医别录》记载："无毒。主益精，补内绝不足，平胃气，长肌肉，逐皮肤邪热痱气，脚膝疼冷痹弱。久服定志，除惊。"

南北朝陶弘景《本草经集注》记载："味甘，平。……生石上，细实，桑灰汤沃之，色如金，形似蚱蜢者为佳。""生栎树上者，名木斛，……至虚长，不入丸散，惟可为酒渍煮汤用尔。"

　　唐孙思邈《千金翼方》记载："味甘，平，无毒。主伤中，除痹下气，补五脏虚劳，羸弱，强阴，益精，补内绝不足，平胃气，长肌肉，逐皮肤邪热，痹气，脚膝疼冷痹弱。久服厚肠胃，轻身延年，定志除惊。"

　　宋掌禹锡《嘉祐本草辑复本》记载："石斛，君，益气，除热，主治男子

腰脚软弱，健阳，逐皮肌风痹，骨中久冷虚损，补肾积精，腰痛，养肾气，益力。日华子云：治虚损劳弱，壮筋骨，暖水脏，轻身益智，平胃气，逐虚邪。"

　　宋唐慎微《证类本草》记载："石斛，味甘，平，无毒。……今人多以木斛浑行，医工

图7-3　《本草图经》绘石斛

亦不能明辨。木斛折之，中虚如禾草，长尺余，但色深黄光泽而已。真石斛，治胃中虚热有功。"苏颂《本草图经》、寇宗奭《本草衍义》均有类似记载，真石斛功效确切，但木斛浑行，医工亦不能明辨。《本草图经》中绘温州石斛和春州石斛如图7-3所示。

　　明李时珍《本草纲目》系统总结了石斛功效："味甘，平，无毒。主伤中，除痹下气，补五脏虚劳羸弱，强阴益精。补内绝不足，平胃气，长肌肉，逐皮肤邪热痹气，脚膝疼冷痹弱，定志除惊。轻身延年。益气除热，治男子腰脚软弱，健阳，逐皮肤风痹，骨中久冷，补肾益力。壮筋骨，暖水脏，益智清气。治发热自汗，痈疽排脓内塞。"并记载："石斛镇涎，涩丈夫元气。酒浸酥蒸，服满一镒，永不骨

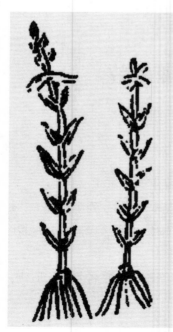

图7-4　《本草纲目》绘石斛

痛也。治胃中虚热有功。……阴中之阳，降也。乃足太阴脾，足少阴右肾这药。深师云：囊湿精少，小便余沥者，宜加之。一法：每以二钱入生姜一片，水煎代茶，甚清肺补脾也。"《本草纲目》绘石斛如图7-4所示。

明兰茂《滇南本草》记载："味甘、淡，性平。升也，阴中之阳也。平胃气，能壮元阳，升托，发散伤寒。退虚劳发热；截寒热往来，形如疟症；治湿气伤经，故筋骨疼痛；升托，散湿气把住腰膝疼痛，不得屈伸，祛湿散寒，止疼痛。"

明陈嘉谟《本草蒙筌》记载："石斛，味甘，气平。无毒。其种有二，细认略殊。生溪石上者名石斛，折之似有肉中实；生栎木上者木斛，折之如麦秆中虚。石斛有效难寻，木斛无功易得。卖家多采易者代充，不可不预防尔。恶凝水石巴豆，畏白僵蚕雷丸。以酒浸蒸，方宜入剂，却惊定志，益精强阴。壮筋骨，补虚羸，健脚膝，驱冷痹。皮外邪热堪逐，胃中虚火能除。厚肠胃轻身，长肌肉下气。"

明李中梓《本草征要》记载："石斛，味甘，性平，无毒。入胃、肾二经。恶巴豆，畏僵蚕。酒浸，酥拌，蒸。清胃生肌，逐皮肤虚热。强肾益精，疗脚膝痹弱。厚肠止泻，安神定惊。益阴也，而愈伤中；清肺也，则能下气。入胃清湿热，故理痹证泄泻；入肾强阴，故理精衰骨痛；其安神定惊，兼入心也。石斛，宜于汤液，不宜入丸，形长而细且坚，味甘不苦为真。误用木斛，味大苦，饵之损人。"

明张志聪《本草崇原》记载："味甘平，无毒。主伤中，除痹，下气，补五脏虚劳羸弱，强阴益精。久服，厚肠胃。生于石上，得水长生，是禀水石之专精而补肾。"

清赵学敏《本草纲目拾遗》记载："清胃，除虚热，生津。已劳损，以之代茶，开胃健脾，功同参芪。定惊疗风，能镇涎痰，解暑，甘芳降气。"

清黄宫绣《本草求真》记载："入脾肾，甘淡微苦、咸平，故能入脾除虚热；入肾强元气及能坚筋骨，强腰膝。凡骨痿庳弱，囊湿精少，小便余沥者最宜。"

清吴仪洛《本草从新》记载："甘淡微咸微寒。平胃气，除虚热，安神定惊。疗风痹脚弱，自汗发热，囊湿余沥。长于清胃除热，惟胃肾有虚热者宜之。股短、中实，味甘者良，温州最上、广西略次、广东最下。长虚、味苦者，名木斛，服之损人。去头根，酒浸。恶巴豆，畏僵蚕。熬膏更良。"

清严洁《得配本草》记载："陆英为之使，畏僵蚕、雷丸，恶凝水石、巴豆。味甘淡，微寒，入足太阴、少阴兼，入足阳明经。清肾中浮火，而慑元气。

除胃中虚热，而止烦渴。清中有补，补中有清。但力薄，必须合生地奏功。配菟丝，除冷痹。股短中实，味甘者佳。盐水拌炒，补肾，兼清肾火。清胃火，酒浸亦可，熬膏更好。长而中虚、味苦者，名木斛，用之损人。"

清汪昂《本草备要》记载："甘淡入脾，而除虚热；咸平入肾，而涩元气。益精，强阴，暖水脏，平胃气，补虚劳，壮筋骨。疗风痹脚弱，发热自汗，梦遗滑精，囊涩余沥。长而虚者名木斛，不堪用。去头根，浸酒用。恶巴豆。畏僵蚕。细锉水浸，熬膏更良。"黄宫绣《本草求真》、凌奂《本草害利》、邹澍《本经续疏》、周岩《本草思辨录》等清代本草均有类似记载。

《中药大辞典》记载："性味甘淡，微咸、寒。入胃、肺、肾经。生津益胃，清热养阴。用于病伤津，口干烦渴，病后虚热，阴伤目暗。"

2010 年版《中国药典》记载："味甘，微寒。归胃、肾经。益胃生津，滋阴清热。用于热病津伤，口干烦渴，胃阴不足，食少干呕，病后虚热不退，阴虚火旺，骨蒸劳热，目暗不明，筋骨痿软。"

二、现代药理研究成果

（一）主要化学成分

近年来，对铁皮石斛化学成分进行了大量的研究，发现铁皮石斛化学成分多种多样，包括多糖、芪类（菲类和联苄类）、氨基酸、苯丙素和木脂素类、酚酸类、黄酮类、生物碱等，为铁皮石斛抗衰老、抗肿瘤、降低血糖和提高免疫能力等物质基础研究与开发利用提供了科学依据。

1. 多糖

多糖是铁皮石斛的主要成分，水溶性多糖含量一般可达 40%。铁皮石斛生理活性与其多糖含量密切相关。多糖含量越高，质越重，嚼之越有黏性，质量越优。科学家已经从铁皮石斛中分离并鉴定结构的多糖有 8 个。多糖 I、II、III系 O- 乙酰葡萄甘露聚糖型，主链由几个 β-(1 → 3)- 甘露型吡喃糖基和一个 β-(1 → 4)-D- 吡喃葡萄糖基重复构成，支链可能由 β-(1 → 4)-D- 葡萄糖基和其他戊糖基组成，并连接在主链葡萄糖基的 2、3 或 6 位上，相对分子质量分别为 1×10^6、5×10^5 和 1.2×10^5；多糖 DT2 和 DT3，结构主要由 a-(1 → 4)-D- 葡萄糖缩合而成，末端糖为半乳糖、葡萄糖及阿拉伯糖，葡萄糖和半乳糖上含有少量的分支，并含少量的木糖、阿拉伯糖、甘露糖，相对分子质量分别为 7.4×10^5 和 5.4×10^5；另一 O-乙酰葡萄甘露聚糖类型的多糖，主链由 β-D-甘露型吡喃糖基和 β-D-吡喃葡萄糖基以 $(1\to4)$ 连接重复构成，支链由 $(1\to3)$-甘露糖基、$(1\to3)$-葡萄糖基和少量的阿拉伯呋喃糖基组成，支链连接在主链末端糖基的 6 位上，$(1\to4)$-甘露糖基和葡萄糖基的 2 位被乙酰化，单糖组成为甘露糖、葡萄糖和阿拉伯糖，物质的量之比为 40.2：8.4：1；多糖 DCPP1a-1 由甘露糖和葡萄糖按物质的量 7：1 组成，多糖 DCPP3c-1 由甘露糖、鼠李糖、半乳糖醛酸、葡萄糖、半乳糖和阿拉伯糖组成，其分子物质的量之比为 1.12：1：1.05：23.35：3.83：1.05，$1\to6$ 键连接的残基占 14.0%，$1\to2$ 或 $1\to4$ 键连接的残基占 40.7%，$1\to3$ 键连接的残基占 45.3%，相对分子质量为 7.2×10^5。

从石斛属其他植物中分离得到多糖还有 Ap-1、Ap-2、Ap-3，结构为 β-$(1\to4)$ 连接的具有 D-乙酰基的吡喃型直链 D-葡萄甘露糖，分子量分别是 8.6×10^4、6.2×10^4、4.3×10^4。

2. 氨基酸

浙产一至三年生铁皮石斛药材分析表明，铁皮石斛中含有 16 种氨基酸，其中人体必需的苏氨酸、缬氨酸、蛋氨酸、异亮氨酸、亮氨酸、苯丙氨酸、赖氨酸平均含量分别为 1.40 毫克/克、1.28 毫克/克、0.28 毫克/克、1.67 毫克/克、2.96 毫克/克、1.54 毫克/克、1.43 毫克/克；其他基本氨基酸天门冬氨酸、丝氨酸、谷氨酸、甘氨酸、丙氨酸、酪氨酸、组氨酸、精氨酸、脯氨酸平均含量分别为 4.20 毫克/克、1.48 毫克/克、4.06 毫克/克、1.53 毫克/克、1.73 毫克/克、1.61 毫克/克、0.53 毫克/克、1.54 毫克/克、1.16 毫克/克。铁皮石斛之所以功效明显、性甘淡微咸，均与氨基酸的组成特性有关。

（二）药理作用

浙江寿仙谷医药股份有限公司和浙江森宇有限公司围绕铁皮石斛栽培、功效基础研究、产品研发实现技术攻关，创新突破了铁皮石斛品种选育、仿野生栽培等关键技术，深入阐述铁皮石斛养阴等核心功效生物学机制，深度开发了 70 余款特色大健康保健食品和化妆品上市。围绕铁皮石斛功效及其生物学机制，开展了系统而深入的研究工作，创新性揭示了铁皮石斛增强免疫力、保护胃肠黏膜、抗疲劳等核心功效的生物学机制。

第四节 金华铁皮石斛产业现状与展望

一、产业现状

铁皮石斛是兰科草本植物，1987 年国务院发布的《野生药材资源保护管理条例》将铁皮石斛列为三级保护品种。截至 2020 年，全国主要铁皮石斛产区种植面积超过 8 万亩，产值超百亿元；覆盖区域主要集中在西南、华南、华东、华中地区，其中以西南种植面积最大，华东产值最大。

浙江省是我国实现铁皮石斛人工培育种植最早的省份，早在 20 世纪 90 年代，浙江省就率先实现了铁皮石斛的规模化种植和产业化开发，根据火石创造数据库显示，当前全国铁皮石斛种植加工企业共 1 377 家，其中浙江省 549 家，占 39.9%。浙江铁皮石斛产业处于成熟期，竞争格局已经形成，市场集中度高，已经形成了以寿仙谷、森山、立钻、胡庆余堂、铁枫堂为梯队的行业格局。其他区域的铁皮石斛产业正在由成长期向行业成熟期过渡。

在金华市，铁皮石斛产业已经成为乡村产业振兴的生力军。金华市义乌和武义围绕现有资源和铁皮石斛种植农业产业，向前延伸铁皮石斛组织培养、良种培育、农资供销产业，向后发展农产品精深加工业、产品研发等，提升产品附加值，同时让农业生产生活服务业向农业拓展。金华以"产业链延伸"类型为主，通过铁皮石斛产业链延伸融合发展，探索出符合当地农业农村深度融合的新路径、新模式、新业态。通过一株神奇的"仙草"——铁皮石斛，金华铁皮石斛行业龙头企业的资金、技术、人才和理念，在金华各地落地生根、开花结果，带动当地林业产业快速发展和农民增收致富，金华的"绿色价值"也得以不断拓展。

（一）武义县生产情况

生产企业有浙江寿仙谷医药股份有限公司、浙江海兴药业有限公司、浙江万寿康生物科技有限公司、浙江品高生物科技有限公司、武义牛头山生物科技有限公司、浙江济世德泽药业有限公司、浙江森岩农产品有限公司共 7 家企业种植，品牌有寿仙谷、万寿康、清补堂等。获批健字号产品企业 4 家，品种有仙斛 1 号、仙斛 2 号等，获批药食同源试点企业 1 家（浙江寿仙谷医药股份有限公司），列入药食同源试点动态名录基地4家（第一批寿仙谷、海兴铁皮石斛基地，第二批万寿康、品高铁皮石斛基地）。

浙江寿仙谷医药股份有限公司是一家专注于铁皮石斛研究与开发的中华老字号企业、国家高新技术企业，制定各级中医药标准85项，获2021年浙江省政府质量奖。寿仙谷围绕铁皮石斛种源、加工、质控等核心问题开展科技攻关，获国家、省部级科技奖励9项，ISO/TC249国际标准制定重大贡献奖，国家新品种权3个、国家发明专利十余件，并率先育成优质高产铁皮石斛新品种。针对铁皮石斛野生资源枯竭以及种质资源、优良品种、优质种苗缺乏等问题，育成产量高、药效好、抗逆性强、商品性好，适合鲜用、花用、枫斗炮制及产品深加工等需求的仙斛系列优良品种，获国家植物新品种权3个。仙斛1号为国内首个浸出物、多糖等各项指标均符合中国药典的品种；仙斛2号为国内首个高有效成分含量的品种，多糖含量高达58.7%，超出药典指标2倍；仙斛3号为国内首个高花高产的品种，鲜品产量每亩高达2 137.1千克。首创铁皮石斛人工栽培基质及栽培技术。以农林副料树皮、木屑及食药用菌渣等废弃物为主要原料，研制了物理结构稳定、保湿性强、透气性好、营养适宜的仿野生基质；发明了悬空畦架、基质定量、种苗定数、水温气光等适生因子智能管理的人工栽培技术与生产模式，解决了传统栽培成活率低、抗逆性差、产量低，以及农药残留、有害重金属超标等难题，使移栽成活率从不足60%提高到99%以上，二年生亩均产量从100千克提高至400千克以上，符合药典标准的药材合格率从25%提高到85%以上。建立了有机生态综合利用循环模式，获中国、欧盟、美国、日本有机产品认证，以及国家道地药材认证、GACP认证及"三无一全"认证，实现了药材的高产优质。获国家发明专利5件。研创了铁皮石斛高效高值化应用方法。发明了铁皮枫斗现代炮制工艺，通过高温短时烘烤、二次定型、布袋脱鞘等工艺创新，解决了传统炮制易致茎条损裂、有效成分流失、颜色发黄、叶鞘残留等问题，加工所得的铁皮枫斗饱满、紧实度高，表面墨绿色、细纵皱纹、黑节明显，纤维素少、多糖等有效成分含量高。发明了粒径达10～300纳米铁皮石斛超微粉，全程低温制备，既有效保持功效成分的活性又显著提高了溶出与吸收率。针对铁皮石斛干品提取时间长、难溶出等难题，开发了一种以鲜茎为原料、水为溶剂的高效经济提取多糖的方法，得率较传统方法提高10%以上，铁皮石斛多糖含量可达73.81%。针对亚健康、慢性病，以铁皮石斛为君药，配伍破壁灵芝孢子粉、西洋参、藏红花等原料，研发了气阴双补、气血双补、健脾和胃，具有缓解体力疲劳和调节免疫等功能的铁皮石斛系列大健康产品，获国家发明专利 7 件。创新构建了多糖-单糖-黄酮多维适配的检测体系。首次将基于 PMP 的单糖衍生高效液相法作为铁皮石斛多糖及特征单糖的检测方法，有效区分铁皮石斛与金钗石斛等近似品种，获国家发明专利 1 件。首创了铁皮石斛全产业链标准化质控体系。先后制定了 DB33/T 635—2015《铁皮石斛生产技术规程》、RB/T 071—2021《道地药材评价通用要求》（附录 C 认证品种标准示例　铁皮石斛）、T/CACM 1020.151—2019《道地药材铁皮石斛》、T/CACM 1021.113—2018《中药商品规格等级铁皮石斛》、浙江省中药炮制规范《鲜铁皮石斛》、T/ZZB 1250—2019《铁皮枫斗颗粒》、DB33/3011—2020《食品安全地方标准　干制铁皮石斛花》、DB33/3012—2020《食品安全地方标准　干制铁皮石斛叶》系列标准规范 8 项，为铁皮石斛全程质量控制提供了标准支撑。

（二）义乌市生产情况

铁皮石斛种植面积 1 200 亩，年产量 300 吨，种植基地主要有森山（佛堂剡溪村、赤岸大乔村、义亭森山小镇）、珍禾（赤岸雅端村）、佳诚（佛堂超美畈）、楼峰（义亭王阡三村）、鼎森（苏溪杜村）等。主要推广品种有森山 1 号、晶品 1 号，销售类型有实体和电商。在森宇集团，先后成立了"国家林业局铁皮石斛工程技术研究中心""国家级铁皮石斛科技特派员创业链""森宇铁皮石斛院士专家工作站"，森宇还参与了"浙江省铁皮石斛产业技术创新战略联盟"建设，在铁皮石斛种苗高效繁育、活树附生生态栽培、规范化种植方面居国内领先地位。森宇企业与浙江农林大学共同参与了国家铁皮石斛行业标准《铁皮石斛栽培技术规程》的起草。

2021 年 12 月，森宇（1 家）入选浙江省第一批铁皮石斛食药物质试点原料生产基地，2022 年 2 月珍禾、佳诚（2 家）入选浙江省第二批铁皮石斛食药物质试点原料生产基地。

浙江森宇实业有限公司参与制定了 LY/T 2547《铁皮石斛栽培技术规程》行业标准 1 项，以及 DB33/3011《浙江省食品安全地方标准　干制铁皮石斛花》、DB33/3012《浙江省食品安全地方标准　干制铁皮石斛叶》地方标准 2 项。金华市下辖森宇集团的"森山"品牌被国家工商行政管理总局商标局授予"中国驰名商标"称号。公司从率先攻克铁皮石斛种苗繁育难题，建立铁皮石斛育种体系，育成系列品种，到突破系列关键技术，创建 5 种栽培模式，及至开发出覆盖食品、保健品、饮料、农产品、日化、护肤、酒类七大品类 200 余个品项，并形成工业化生产，延长铁皮石斛产业链；从 2001 年即承担国家"十五"科技攻关项目，开创民营企业担当国家项目先河，到制定铁皮石斛国家行业标准，成为铁皮枫斗行业领军品牌，并创建浙江"院士之家"，建立了铁皮石斛工程技术研究中心、铁皮石斛产业国家创新联盟等一批国家、省部级产业技术平台，为浙江、云南、贵州等 18 个省的 100 余家企业直接提供技术支撑，实现铁皮石斛产业技术创新引领，使铁皮石斛产业从零起步，短短十几年间发展成为百亿级的大产业。截至目前，公司共承担了 153 项科研项目，其中 9 项为国家级重大科研项目，国家重点研发计划——"铁皮石斛大健康产品研发"项目研究成果入选 2021 年国家"十三五"科技创新成就展和巡回展。特别是旗下的国草饮品完成了从传统中药汤剂到开盖即饮的滋养饮品的转变，使中药汤剂实现现代复兴，在铁皮石斛"滋阴益胃"的核心功效与现代科学内涵阐述、增强免疫力与改善代谢异常的作用及机制研究、新功能产品开发等方面也取得了重要研究进展。森山国草饮也因此入选国家"十三五"科技创新成就展（获科技部感谢信）、2022 亚运会官方指定功能性饮品，更是被亚奥理事会总干事侯赛因·穆萨拉姆誉为"中国的植物维他命"。

（三）磐安生产情况

磐安铁皮石斛种植面积约 800 亩，主体较多，规模较小，以浙江大晟药业有限公司、磐安县方正珍稀药材公司为主。其中磐安县方正珍稀药材开发有限公司与浙江农林大学科技特派员技术专家合作，开展铁皮石斛深加工产品开发，加快产品多元化步伐。公司实施森林康养蔬菜资源利用与林下复合经营示范项目，开拓"食药"新领域，取得了新的技术成果，其中"林下近野生药蔬复合种植结构"（ZL202021375168.8）获利实用新型专利。2021年 8 月，公司聘请浙江中医药大学吕圭源教授专家团队，成立了专家工作站，重点开展药食同源中药材深加工研发。

（四）其他区域生产情况

婺城区主要有仙源山铁皮石斛，主打生态有机种植模式，鲜草面向特定群体销售，种植基地通过国家 GAP 认证，是金华市农业龙头企业、浙江省科技型企业，仙源山铁皮石斛被认定为浙江省著名商标、浙江省知名商号，鲜草价格维持在 800～1 200 元/千克，面积 60 亩。枫禾铁皮石斛，原先以生产瓶苗为主，曾达到年出瓶苗 200 万瓶，现在以为胡庆余堂等提供铁皮石斛鲜草原材料为主，生产面积 40 亩。

二、发展前景

当下的大健康产业发展向好，一是人人都有健康需求，健康养生年轻化、时尚化，二是国家战略重视及系列利好中医药政策相继出台，三是"内循环"促使新一轮产业升级，四是 22 万亿生物经济时代到来，五是大型互联网公司跨界进入大健康产业。在这些背景之下，大健康行业"水大鱼大"，传统中医药企创新举措不断，后起之秀来势强劲。

2018 年发布的《全国道地药材生产基地建设规划（2018—2025 年）》将浙江省列入铁皮石斛华东道地药材主产区。《"健康中国 2030"规划纲要》使得大健康行业迎来了新的战略机遇期。2022 年 5 月 10 日，22 万亿规模的《"十四五"生物经济发展规划》出台，聚焦面向人民群众在医疗健康、食品消费、绿色低碳、生物安全等领域更高层次需求和大力发展生物经济的目标。而铁皮石斛产业是顺应"生物经济"时代"以健康为中心""营养多元""生态优先""主动保障"的时代新趋势。

坚持创新多业态融合发展模式，是铁皮石斛产业建设的新动能。金华已探索出了"农业＋旅游""农业与教育""农业与康养"等多种形式的业态融合模式，积极依托金华地域的人文资源和自然资源，积极培育生态观光、采摘体验、农产品加工、特色餐饮等新型业态。铁皮石斛种植基地建设也将增加当地农村农民就业率、提高返乡创业率作为重要工作任务执行，并通过提升农民素质，带动农业更强、农村更美、农民更富的新路径。

坚持创新利益联结机制，是铁皮石斛产业共富的新动力。浙江寿仙谷与义乌森宇作为当地龙头企业，探索出一套"土地流转＋优先雇佣＋社会保障"利益联结方式，通过"一企带一镇"的模式，农户增收。同时，建立的"包干"制度让农民做老板，"员工入股"让员工变股东，"职教"制度让农业基地变职校。在使农民获得流转费用的同时，通过就业和入股致富，形成农业农村农民共富共同体。

坚持科技创新，是铁皮石斛产业发展的新源泉。创新是引领发展的第一动力，是示范园发展的力量源泉。科技创新是破解农业产业附加值不高、一二三产发展的重要抓手。只有通过科技赋能实现产业链的延伸、完善利益链、提升价值链、破解技术链，才能激发出更大的发展潜能和更可持续的内生动力。其中，森宇积极开展产学研合作，与姚献平院士共建分子草本研究技术平台，签署了《生物功能材料与铁皮石斛大健康领域合作》。拥有森宇集团、寿仙谷等中国铁皮石斛行业企业，也拥有森宇集团等杭州 2022 年亚运会铁皮石斛产品供应商，金华占有中国铁皮石斛的市场份额将愈来愈多，这对金华来说，意味着将有更多的绿水青山真正变成金山银山。

第五节　铁皮石斛特色栽培技术

一、基质选择

　　宜选择松树皮、木屑、木炭、木块、碎石、水苔作为基质，其中松树皮（粉碎成直径小于 2～3 厘米颗粒）、木屑、碎石与有机肥混合效果好，满足石斛的保水性、通风透气性要求，有利于植株固定。基质在使用前应该通过堆沤、浸泡和煎煮或高温灭菌等处理。

二、栽培方式

1. 设施栽培

　　利用玻璃温室或大棚等设施，配备遮阳网、喷雾和灌溉设备，模仿铁皮石斛野生环境。开沟作畦，畦宽 1.2～1.4 米，长不大于 40 米；畦面呈龟背形，畦高约 15 厘米；开好畦沟、围沟，使沟沟相通，并有出水口。宜搭架栽培或采用地栽。

　　一般以丛栽方式栽种，3～5 株为一丛，按（10～20）厘米×（10～20）厘米行株距栽种。

2. 仿野生栽培

应选择生态环境良好、水源足且清、气候温和湿润、森林郁闭度适中、通风良好的阳坡、半阳坡，在活树树干、段木、岩壁或林地下栽培。其中活树移栽较为常见。宜选择树干大小适中、树冠较茂盛、树皮较厚、多纵裂沟、树皮不会自然掉皮、易管理的树为铁皮石斛生长的附主，如松树、杉木、核桃、板栗、梨等乔木树种。在树干上间隔35厘米种植一圈，每圈用无纺布或稻草自上而下呈螺旋状缠绕，在树干上按3～5株1丛，丛距8厘米左右，栽植两年生种苗。绑其靠近茎基的根系，露出茎基。

三、栽培管理

1. 光照

小苗期大棚需盖有遮光率为70%～80%的遮阳网，生长期的铁皮石斛遮光率以60%～70%为宜（图7-5）。

图 7-5　光照管理

2. 温度

铁皮石斛适宜生长温度为15～30℃，高温季节应及时掀膜通风、喷雾降温，降温时盖膜保温。通风设备如图7-6所示。

图 7-6　通风设备

3. 水分

栽种后视植株生长情况，控制基质含水量在 55% 左右，空气相对湿度在 75% ～ 85%。如果遇到高温干旱，可早晚雾喷降温（图 7-7）。多雨季节及时清沟排水，降低湿度。

图 7-7　雾喷降温

4. 施肥

栽种 1 周后，可施保苗肥；栽种 1 个月后，每亩施腐熟的有机肥 200 ～

300千克；10月下旬喷施一次0.2%的磷酸二氢钾；第二年开春后追施有机肥，每亩100～200千克（图7-8）。

图7-8　施肥

5. 除草

栽种后，及时人工去除棚内及棚外的杂草（图7-9），棚外可用覆盖除草方法，不应使用化学除草剂除草。

图7-9　人工除草

6. 越冬管理

可采用加盖二道膜（图 7-10）、无纺布等方式进行越冬保温。进入冬季前要进行抗冻锻炼并适时通风、降低湿度，保持基质含水量在 45% ～ 50%。

图 7-10　加盖二道膜

四、病虫害防治

铁皮石斛常见的虫害有菲盾蚧、蜗牛等，常见的病害有黑斑病、炭疽病、白绢病、白粉病、煤污病等。生产上病虫害防治应以农业防治为基础，综合利用物理防治、生物防治、化学防治。化学防治要严格控制农药的安全间隔期、施用量、施用浓度和次数。药剂使用严格按照农药使用相关规范标准的规定执行。

第八章　灵芝

第一节　灵芝历史传承

一、品种沿革

　　第一次记载灵芝的文字可追溯到战国中后期至汉代初中期的《山海经》："帝女死焉，其名曰女尸，化为䔄草（灵芝），其叶胥成，其华黄，其实如菟丘，服之媚于人。"中国最早的药学著作《神农本草经》将赤芝列为上品，曰："赤芝，味苦平。主胸中结，益心气，补中，增智慧，不忘。久食，轻身不老，延年神仙。一名丹芝，生山谷。"叙述了赤芝的药性。

二、产地沿革

首次有关赤芝产地的叙述出自《名医别录》："赤芝生霍山。"说明魏晋时期赤芝主要产自霍山（大别山地区旧称）。据清光绪三十一年（1905）《霍山县志》记载，早在春秋时期就设有潜邑，汉代设为潜县，隋朝始称霍山。如果从地域性角度出发，大别山区包括了目前安徽、湖北、河南三省交界处的大别山区，位于北纬 30° 10′～32° 30′、东经 112° 40′～117° 10′。

南朝梁代《本草经集注》记载："南岳本是衡山，汉武帝始以小霍山代之，非正也。此则应生衡山也。"说明赤芝主要产自霍山。产地发生变化，由原来的安徽霍山变为湖南衡山。沈约《早发定山》云："……眷言采三秀，徘徊望九仙。"定山一名狮子山，在浙江余杭东南。灵芝异名三秀，说明南朝时灵芝在浙江有产。

浙江《龙泉县志》记述："南宋建炎三年（1129）己酉冬十一月，芝产前太常少卿季陵居屋。"据查"季陵"是浙江龙泉城南宏山人，可知当时灵芝栽培在浙江龙泉已相当普遍。据查，两宋时期，灵芝瑞应之事十分兴隆，举国朝野搜寻灵芝，进贡朝廷。诗人欲将龙泉灵芝敬献天子，说明当时浙江龙泉灵芝在全国已有一定的地位。

明嘉靖四十年（1561）刘文泰《本草品汇精要》："赤芝〔地〕（图经曰）生霍山……"再次提出赤芝生霍山。陈嘉谟《本草蒙筌》："赤芝如珊瑚（一名珊芝）应火味苦，产衡山善养心神。增智慧不忘，开胸膈除结。"其记载赤芝产地为衡山。明嘉靖四十年（1561）《浙江通志》记载有赤芝。说明赤芝在明朝时已产于浙江。

《中华本草》（1997）记载：灵芝生于向阳的壳斗科和松科松属植物等根际或枯树桩上，遍布全国，以长江以南为多。《中药灵芝使用的起源考古学研究》一文描述在浙江的田螺山遗址、余杭镇南湖遗址、湖州千金镇塔地遗址发现了 5 份灵芝样品，由中国中医科学院黄璐琦院士团队鉴定均为灵芝科灵芝属真菌，其中最早一份样品距今已有 6 800 年。

综上，古代灵芝以野生品为主，在浙江已有 6 800 年的使用历史。明代时，浙江已有栽培赤芝；历代本草记载赤芝生霍山，从野生到栽培，在安徽逐渐形成了以金寨为中心的大别山段木赤芝产地。历史还表明，浙江和安徽是赤芝段木栽培方式的发源地，并且以菌盖大、肥厚、坚实、有光泽者为佳，以此为标准来衡量赤灵芝是否道地，品质是否优良。因此，赤芝经过临床长期应用，形成了以浙江、安徽为中心的道地产区，普遍认为该产区的赤芝有独特的性状和疗效，品质佳，为道地药材。

金华市位于浙江省中部，古称婺州，南与处州、北与严州、西与衢州紧密相邻，南部为仙霞岭余脉延伸，东临括苍山脉。其境内山地的岩壁、陡坡、缓坡、石缝等地，半阴湿、存积腐殖质丰富，非常适宜灵芝的生长，是灵芝原产地及主产区之一。由于境内生态和种质资源保护良好，2015年全国第四次中药资源普查调查组在武义县大红岩、刘秀垄等多处深山陡壁上发现较多野生灵芝生长。20世纪80年代，浙江省灵芝人工栽培技术成功取得突破；90年代初，开始发展灵芝熟料段木仿生规模化生产，并实现了产业化开发利用，培育形成了科研、种植、生产、加工、销售等系列产业链，成为全国灵芝的主产区和主销区。

自2009年起，武义县把国药养生作为"养生武义"的重要内容来抓，制定产业规划和鼓励政策，形成以寿仙谷"有机国药养生园"为主体的灵芝标准化高效生态农业种植园区（图8-1），主要栽培品种为仙芝1号、仙芝2号（图8-2），其中仙芝1号为中国首个通过省级以上品种认定委员会认定的灵芝新品种，仙芝2号以仙芝1号的变异株为亲本经航天搭载选育而成，子实体和孢子中灵芝多糖和灵芝三萜类有效成分大幅提升。

◀ 图8-1 寿仙谷灵芝种植基地
▼ 图8-2 仙芝2号

三、文化流传

我国是世界文明古国之一，地大物博，幅员辽阔，国内大多数地区的自然生态环境适宜灵芝繁殖生长。中国灵芝种类繁多，利用历史悠久，有"灵芝故乡"之美称，在漫漫的历史长河中形成了内涵丰富的灵芝文化，在世界菌菇文化史中占有重要的地位。

1. 灵芝字源学

我国最早的药物学专著《神农本草经》中，详细记述有"六芝"。世界上唯中国古人最早将灵芝分为青芝、赤芝、黄芝、白芝、黑芝、紫芝等六芝。晋代著名医学家葛洪，在《抱朴子·内篇·仙药》（340）中详细记载了将灵芝分为"五芝者，有石芝，有木芝，有草芝，有肉芝，有菌芝，各有百许种也"。并收录了五芝草图。这可以说是有史以来我国古人对灵芝最早的或原始的分类。

关于灵芝及菌菇文字的探源、诠释及其历史演变，有着丰富的文化内容。在公元前3世纪，我国学者已将菌菇类作为一个独立的生物类群给予特定的名称。在中国古农书、本草、训诂、音韵、类书、方志和稗史等著作中，有关菌菇类的文字有50多个。最早出现的文字，有"芝""菌""蕈"等；古代常用"芝""栭"泛指所有的菌菇类，首见于《礼记·内则》（前3世纪），《周礼·考工记》（前240年）作"之""而"，《后汉书·马融传》（445年）作"芝""茸"，其意义相同。"芝"在东汉许慎《说文解字》（121年）中解释，芝"神草也。从草、从之"。在现代汉语中，栭已废弃不用，芝的含义与古义则大相径庭，主要指多孔菌类的灵芝等木腐生菌。

2. 灵芝神话

灵芝神话，起源于《山海经》，其记载：炎帝有个小女儿名叫"瑶姬"，未到出嫁之年，就"未行而卒"，葬在巫山之南。这位满怀热情的少女，她的精魂飘到"姑瑶之山"，"化为䔲草"，实为"灵芝"。这是有关灵芝神话的雏形。《海内十洲记》《汉武帝内传》《拾遗记》等中，不仅谈到海外仙山上到处生长着"神芝仙草"，还谈到仙山上有仙人种植的"芝田"。相传，三月三日为西王母寿诞之辰，每到这一天，仙女麻姑都要到绛珠河畔采集灵芝酿酒，供王母祝寿（图8-3）。至于妇孺皆知的《白蛇传》等传统戏曲中，

图8-3 麻姑献寿图

有白娘子为救许仙起死回生，历经千辛万苦赴昆仑山盗仙草这一折戏（图8-4）。《红楼梦》中的林黛玉是"绛珠仙草"的转世生魂，当年在西方灵河岸，幸得神瑛侍者的细心照顾，天天以甘露灌溉，后来

图8-4　白娘子盗仙草图

修成了人身，下凡之后，就成了贾母的外孙女。曹雪芹在创造这一人物形象时，便借用了"瑶姬的精魂化为灵芝"及"昆仑山出现仙人芝田"的传说，并赋予了新的美学意义。随着现代科学的发展，人们已揭示出灵芝生长发育的本质，但是神话传说的生命是永恒的，它所创造的艺术形象在民间仍然充满魅力。

3. 灵芝文化

我国灵芝文化的发展，受道家文化的影响最大。道教推崇灵芝，尤其在汉魏晋时期，服食灵芝以求延年益寿成了当时的时尚，对灵芝的研究出现了空前繁荣的局面。在道家思想文化的影响和对灵芝的"渲染"下，灵芝被历代帝王所崇拜，认为"王者有德行，则芝生草"，宫廷有灵芝则皇帝圣明，国泰民安，风调雨顺，江山稳固。在中国历史上灵芝就是神圣、高尚的象征，代表权力无上、庄重尊严，以及最有影响的吉祥物。黎民百姓每年上山穷搜苦找，向宫廷进贡灵芝成了规矩，交纳数量之大至今有据可查。

中国灵芝文化的还与儒教、佛教等思想相互影响。被视为吉祥如意、神圣之物的灵芝所示意境，很符合人们追求未来、期盼来世幸福美好的心愿，很容易被教徒所接受，促进了佛教的传播进而形成具有中华民族特色的佛教。中国的灵芝文化还伴随佛教传入日本、朝鲜半岛及东南亚诸国，后来，又经西方旅行家、传教士等将灵芝文化、文物传到西欧和美洲。

4. 灵芝艺术

灵芝艺术是指以灵芝为题材的石刻、雕塑、绘画、盆景等工艺制品。由

于受中国古代神话传说和神仙道教神秘观念的影响，这类作品多寓意吉祥、富贵、长寿，富有浪漫色彩。受传统文化和民间艺术的影响，灵芝图案也常见于画家笔下，在民间绘画艺术中，灵芝常用来象征吉祥、富贵、长寿。在古代建筑物、丝织品、古瓷、窗花剪纸及其他装饰物上，也经常可见到用灵芝构成的图案。

灵芝也具有极高的观赏价值，是盆景艺术造型的难得材料。灵芝盆景的制作，在我国已有近千年历史。自汉代以来，在儒家五行谶纬学说和神仙道教的影响下，灵芝享有"瑞草"之美称。每当民间传出发现灵芝，地方官员便争相进献祝词贺表或作芝草图，以献媚取宠于皇帝。灵芝盆景的艺术魅力，经历千余年，至今仍为广大人民所喜爱，在大陆和台湾省都有商业性灵芝盆景产品问世，并远销海外。

第二节 灵芝生物学特性与产地自然环境

一、灵芝生物学特性

灵芝由菌丝体和子实体组成。菌丝透明无色，具分隔多分支，直径 1～3 微米。子实体为木栓质，由菌柄、菌盖和菌盖下边的子实层组成。子实体成熟后成为木栓化，表皮层组织革质化，外观为赤褐色，有光泽。菌盖多呈肾形或半圆形，上有环状轮纹及辐射状皱纹；下面菌肉连着紧密排列的相互平行的菌管，呈白色或淡褐色，平均每平方毫米 4～5 个。内壁为子实层，孢子从子实层内产生；孢子褐色，卵形，具双壁，中有一核及一大油滴。菌柄侧生，长 5～19 厘米，色与盖同。药用灵芝，一般是指赤芝（图 8-5）。

图 8-5　赤芝

灵芝在 4—6 月生长速度比较快，生长旺盛，株高、菌盖直径、鲜重等都明显增大，进入 7 月，灵芝子实体基本停止生长，菌盖木质化并开始弹射灵芝孢子粉。9—10 月灵芝孢子粉弹射结束，灵芝子实体生命周期结束。

一般在 11 月中旬至翌年 1 月下旬进行栽培种接种，4—5 月排场，6 月出芝，采收子实体的灵芝在 8—9 月采收；采收子实体及孢子粉的灵芝在 7—8 月套筒或整畦套布收集孢子粉，10 月采收。

二、灵芝生长环境

灵芝为腐生菌，可寄生在活树上，生长的温度为 3～40 ℃，以 26～28 ℃为最佳，空气相对湿度 90%、pH 5～6 的条件下生长良好。灵芝为好气菌，子实体培养时应有充足的氧气和散射的光照。

第三节　灵芝药理药效

一、历代本草功效记载

灵芝是菌类药材，性平，味甘，归心经、肝经、肺经、肾经。有补气安神、止咳平喘的作用。

灵芝入药始载于秦汉时期的《神农本草经》。魏晋时期《名医别录》记载："赤芝，味苦，平。主胸中结，益心气，补中，增智慧，不忘。久食，轻身不老，延年神仙。一名丹芝。黑芝，味咸，平。主癃，利水道，益肾气，通九窍，聪察。久食，轻身不老，延年神仙。一名玄芝。青芝，味酸，平。主明目，补肝气，安精魂，仁恕。久食，轻身不老，延年神仙。一名龙芝。白芝，味辛，平。主咳逆上气，益肺气，通利口鼻，强志意，勇悍，安魄。久食，轻身不老，延年神仙。一名玉芝。黄芝，味甘，平。主心腹五邪，益脾气，安神，忠信和乐。久食，轻身不老，延年神仙。一名金芝。紫芝，味甘，温。主耳聋，利关节，保神，益精气，坚筋骨，好颜色。久服，轻身不老，延年神仙。一名木芝。"

南北朝《本草经集注》记载："青芝，味酸，平。主明目，补肝气，安精魂，仁恕。久食轻身，不老延年，神仙。一名龙芝。赤芝，味苦，平。主治胸中结，益心气，补中，增智慧，不忘。久食轻身，不老延年，神仙。一名丹芝。黄芝，味甘，平。主治心腹五邪，益脾气，安神，忠信，和乐。久食轻身，不老延年，神仙。一名金芝。白芝，味辛，平。主治咳逆上气，益肺气，通利口鼻，强志意，勇悍，安魄。久食轻身，不老延年，神仙。一名玉芝。黑芝，味咸，平。主治癃，利水道，益肾气，通九窍，聪察。久食轻身，不老延年，神仙。一名玄芝。紫芝，味甘，温。主治耳聋，利关节，保神，益精气，坚筋骨，好颜色。久服轻身，不老延年，神仙。一名木芝。六芝皆无毒。"

唐代《新修本草》以及宋代《开宝本草》《证类本草》《图经衍义本草》记载功效与南北朝《本草经集注》基本一致。

明兰茂《滇南本草》记载："灵芝草，此草生山中，分五色。俗呼菌子。赤芝（图8-6），味甘，无毒。治胸中有积，补中，强智慧。服之轻身。"

明刘文泰《本草品汇精要》记载："无毒寄生，赤芝主胸中结益心气补中增慧智不忘久食轻身不老延年神仙。味甘，性温，气味俱浓阳也，臭朽，主疗痔疾，助寿，合麻子仁白瓜子牡桂共益人。"

明陈嘉谟《本草蒙筌》记载，灵芝"色分六品，味应五行。气禀俱平，服饵无毒。青芝如翠羽（一名龙芝）。应木味酸，产泰山专补肝气。兴仁恕强志，明眼目安魂。赤芝（图8-7）如珊瑚（一名珊芝）。应火味苦，产衡山善养心神。增智慧不忘，开胸膈除结""紫芝与紫

图8-6 《滇南本草》绘赤芝图

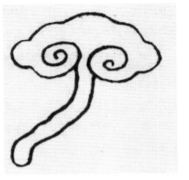

图8-7 《本草蒙筌》绘赤芝图

衣同，（一名木高），夏山有。并味甘应土，咸逐邪益脾。坚骨健筋，悦颜驻色。六芝俱主祥瑞，夜视光烧不焦，藏不朽。久服延寿，常带辟兵。世所难求，

医绝不用。但附其说，俾识其详。"

明李时珍《本草纲目》绘有诸芝图（图8-8）记载，"赤芝一名丹芝。（《本经》）气味苦，平，无毒。主治胸中结，益心气，补中，增智慧，不忘。久食，轻身不老，延年神仙（《本经》）。紫芝一名木芝。（《本经》）气味甘，温，无毒。甄权曰：平。主治耳聋，利关节，保神，益精气，坚筋骨，好颜色。久服，轻身不老延年（《本经》）。疗虚劳，治痔"。

图8-8 《本草纲目》绘诸芝图

明卢之颐《本艸乘雅半偈》中记载："紫芝本经上品。气味甘温，无毒。主治主耳聋，利关节，保神，益精气，坚筋骨，好颜色。久食轻身不老，延年。赤芝本经上品。气味苦平，无毒。主治主胸中结，益心气，补中，增智慧，不忘。久食轻身不老，延年神仙。"

明李中立《本草原始》中记载，"赤芝（图8-9），一名丹芝。生霍山。赤芝如珊瑚，味苦平，主胃中结，益心气，补中，增慧智，不忘。久食轻身不老，延年神仙"。

图8-9 《本草原始》绘赤芝图

清《神农本草经赞》记载："赤芝。味苦平。主胸中结。益心气。补中。增慧智。不忘。久食轻身不老。延年神仙。一名丹芝。黑芝。味咸平。主癃利水道。益肾气。通九窍聪察。久食轻身不老。延年神仙。一名元芝。青芝。味酸平。主明目补肝气。安精魂仁恕。久食轻身不老。延年神仙。一名龙芝。白芝。味辛平。主咳逆上气。益肺气。通利口鼻。强志意。勇悍安魄。久食轻身不老。延年神仙。一名玉芝。黄芝。味甘平。主心腹五邪。益脾气安神。忠信和乐。久食轻身不老。延年神仙。一名金芝。紫芝。味甘温。主耳聋。利关节。保神益精气。坚筋骨。好颜色。久服轻身。不老延年。一名木芝。生山谷。三秀六芝，慈仁上瑞。肪白珊红，金黄羽翠。漆抹黯云，笋萌紫岥。

大药可求，龟龙百岁。尔雅注：芝一岁三华，瑞草。宋书志：王者慈仁则生。抱朴子：赤者如珊瑚。白者如截肪。黑者如泽漆。青者如翠羽。黄者如紫金。气和畅则生。玉茎紫笋。束晰诗：翳翳重云。稽神录：报盈以绣羽紫帔。苏轼诗：古来大药不可求。苏辙诗：龟龙百岁岂知道。"

二、现代药理研究成果

（一）主要化学成分

灵芝类所含的化学成分复杂，又因品种、培养方法和提取方法的不同而有差异，其有效成分是灵芝发挥药理作用的基础。最早报道灵芝化学成分的是 1958 年日本学者小岛英幸氏，他从紫芝子实体中分离出麦角甾醇和海藻糖。20 世纪 80 年代以后，灵芝的化学研究进展很快，迄今已从灵芝中分离出近 200 种化合物，其中相当一部分是具有药理活性的有效成分，如三萜类、多糖类、核苷类等化合物。

1. 三萜类

三萜类化合物是灵芝的主要化学成分之一，其种类很多。首次从灵芝子实体中分离得到三萜类化合物的是 Kubota T 等，1982 年分离出灵芝酸 A 和灵芝酸 B 之后，三萜类化合物的研究日益受到重视，研究最多的是日本和中国。目前三萜类化合物大多是从赤芝中提取的。三萜类化合物是灵芝的苦味成分，其含氧功能团（化学结构的一部分）对苦味的产生起重要作用。不同种属灵芝中的三萜类化合物具有品种特异性，因此分析三萜类化合物的组成，可作为鉴定灵芝品种的依据之一。灵芝酸是灵芝三萜类化合物的重要活性成分，具有强烈的药理活性，可止痛、镇静、抑制组胺释放、消炎、抗过敏，还具有解毒、保肝、健胃、抑制肿瘤细胞生长等功效。不同种类灵芝酸的药理作用各有偏重，如灵芝酸 A、B、C、D 能抑制小鼠肌肉细胞组胺的释放，灵芝酸 F 具有强烈抑制血管紧张素酶的活性。赤芝孢子酸 A 对四氯化碳和半乳糖胺及丙酸杆菌造成的小鼠转氨酶升高均有降低作用，可用于防治肝炎。日本的灵芝专家对灵芝及其制成品中的灵芝酸的含量十分重视，尤其重视灵芝酸 A、B、C、D 的含量，他们认为灵芝酸含量高，灵芝产品质量就好，他们甚至以灵芝酸含量来鉴别灵芝的真伪。

2. 多糖类

多糖类化合物是灵芝的重要生物活性成分之一，灵芝的多种药理活性大多和灵芝多糖有关。现代研究表明，灵芝多糖的主要生物活性为免疫调节作用、抗肿瘤作用、降血糖作用、抗放射作用、抗氧化作用、促进核酸和蛋白质的合成。

3. 核苷类

核苷类化合物包括腺嘌呤和腺嘌呤核苷、尿嘧啶和尿嘧啶核苷，是从灵芝的脂溶性提取物中分离得到的一类生理活性很强的物质。灵芝腺苷是以核苷和嘌呤为基本结构的活性很强的物质，灵芝含有多种腺苷衍生物，都有较强的药理活性，能降低血液黏度，抑制体内血小板聚集，提高血红蛋白、2,3-二磷酸甘油的含量，提高血液供氧能力和加速血液微循环，提高血液对心、脑的供氧能力。腺嘌呤、腺嘌呤核苷具有镇静、降低血清胆固醇和抗缺氧等作用。有学者认为，腺嘌呤核苷是赤灵芝水提取物抑制血小板凝集的有效成分，它有抑制血小板过度凝聚的能力，对防止脑血管栓塞、心肌梗死有良好的作用。

4. 蛋白质

灵芝中含有少量蛋白质，有的以糖蛋白的形式存在，该免疫调节蛋白具有促进白介素-2、白介素-4及干扰素分泌的作用；而淋巴细胞增殖及白介素、干扰素的增多具有提高免疫力及抑制癌细胞的作用。

5. 氨基酸

灵芝中的氨基酸有天门冬氨酸、谷氨酸、精氨酸、赖氨酸、鸟氨酸、脯氨酸、丙氨酸、甘氨酸、丝氨酸、苏氨酸、酪氨酸、缬氨酸、亮氨酸、苯丙氨酸、α-氨基丁酸等，并发现有含硫氨基酸，其结构经 X-衍射分析确定为硫组氨酸甲基内铵盐。实验证明，天门冬氨酸、谷氨酸、α-氨基丁酸、酪氨酸、精氨酸、赖氨酸、亮氨酸、丙氨酸等，可以提高小鼠窒息性缺氧的存活时间。

6. 甾醇

灵芝中含有丰富的甾醇，仅麦角甾醇的含量就达 0.3% 左右。麦角甾醇又名麦角固醇，是维生素 D 源，在紫外线照射下，可转变成维生素 D，具有增强人体抗病力和预防感冒之功效，经常服用可预防、治疗血钙代谢障碍而导致的佝偻病，促进骨骼与牙齿发育，还可防治机体各种黏膜炎及皮肤炎。

7. 生物碱

灵芝中生物碱类含量较低，但有些具有一定的生物活性。γ- 三甲氨基丁酸，有提高动物在窒息性缺氧下存活时间的作用。灵芝总碱，有增加麻醉犬冠状动脉血流量、降低冠脉阻力及降低心肌耗氧量、提高心肌对氧的利用率、改善缺血心电图变化、增加脑血流量等作用。甜菜碱，临床上将其和 N- 脒基甘氨酸共用，以治疗肌无力。

8. 微量元素

灵芝菌丝体中含有丰富的以离子状态存在的各种元素，如 K^+、Ca^{2+}、Mg^{2+} 等。一般认为，野生的灵芝含锰、镁、钙、铜、铈、锶、钡较多，人工栽培的灵芝含锌、铁、硼、铬、锗较多。与人体造血系统密切相关的锌、锰、镍、铁、铜、铬、钴、钼 8 种必需微量元素，在菌丝内的总量占菌丝总重量的 0.3% ～ 0.9%。在矿质元素中含量最多的是磷，占菌丝总重量的 0.15% ～ 0.45%，以磷酸根的形式存在，并经常与其他元素共同组成磷脂、核苷酸、三磷酸腺苷（ATP）等有机化合物，成为菌丝的重要组成部分。磷是人体中酶、细胞核蛋白、脑磷脂和骨骼的重要成分，是机体各部分功能正常活动的要素，人的脑髓和脂肪部分都有磷。其他微量元素也很重要，其中有一些元素是酶的活性基因或者是酶的激活剂。

（二）药理作用

1. 抗肿瘤作用

综合多数学者的研究表明，灵芝在体内能抑制小鼠移植性肿瘤生长，但对体外培养的肿瘤细胞无直接抑制作用。灵芝的抗肿瘤作用是由机体免疫系统介导的。灵芝多糖能升高白细胞，诱导或促进巨噬细胞的吞噬作用，增强 T 细胞及自然杀伤细胞的活性，提高淋巴细胞的转化率，促进免疫球蛋白的形成，使机体免疫调控能力增强，从而提高机体自身的抗病能力；同时灵芝还可增强机体对放疗、化疗的耐受性，从而抗肿瘤的效果；多糖又是细胞壁的组成部分，可协助正常细胞抵御致癌物的侵蚀；灵芝多糖还可抑制过敏反应介质的释放，从而阻断非特异性反应的发生，因此可抑制术后癌细胞的转移。

2. 免疫调节作用

灵芝对人和动物的免疫功能具有广泛的作用。灵芝多糖能增强小鼠的体液免疫，促进脾淋巴细胞增殖、脾淋巴细胞 DNA 的合成，在免疫抑制剂氟尿嘧啶、丝裂霉素和阿糖胞苷等存下，能拮抗其对淋巴细胞的抑制作用，增强细胞毒性 T 细胞的功能等。

3. 抗疲劳耐缺氧和抗衰老作用

灵芝自古以来就被认为是抗衰老的珍品，有显著延缓机体衰老、延长寿命之功效，具有抗疲劳、降低机体耗氧量和提高耐缺氧的作用。

4. 抗应激和抗过敏作用

抗应激能力是机体自动调节和保护能力的反应，也是机体生命活性的表现，灵芝能提高神经中枢对副交感神经的调节能力，从而能抑制溃疡发生。

灵芝对机体有双向免疫调节作用。当机体在免疫功能低下时，灵芝有上调作用；当机体在过敏状态，免疫功能过强时，灵芝有下调的作用。

5. 抗放射和抗毒物作用

放射线对机体有极大的损害，会损伤骨髓，破坏免疫系统和造血系统，损伤肝脏，从而使机体抗病能力、生理功能全面下降，灵芝因有修饰机体伤害能力，所以有抗放射性功效。

动物多次注射吗啡后，会免疫功能全面下降，产生对吗啡的依赖性。通过灵芝多糖纠正急性吗啡依赖小鼠免疫功能低下的研究证明，灵芝还可用于戒毒综合治疗。

6. 保护心血管作用

血红蛋白的量，血红蛋白的携氧能力，以及动脉和静脉间的氧差，决定着机体生命活动的状态，而灵芝能显著提高血红蛋白的携氧量和供氧能力。

心肌收缩力的强弱是机体生命力强弱的表现，灵芝有明显的强心作用，能提高心肌收缩的振幅（收缩力）。

血液微循环是血液和组织、细胞实现物质交换的场所，其好坏决定着机体组织、细胞功能的强弱，也决定着机体活力的强弱，灵芝能显著改善血液微循环，使血液微循环流速加快，微血管管径增大，毛细管条数增加，微血管的功能得到显著改善。

动脉粥样硬化是胆固醇沉着于动脉管壁内膜，使内壁呈凸凹不平的粥样状结果，由于血管内径变窄，血管硬化失去弹性，血压升高。灵芝有效成分中的灵芝酸能阻断羊毛甾醇和二氧羊毛甾醇合成胆固醇，并有较好的抗动脉粥样硬化的功能。

血栓是心脑血管缺血性疾病的重要病理基础之一，探讨血栓形成的病理、病因，寻找抗血栓形成药物的药理作用，对心脑血管疾病的防治极为重要。根据现有研究表明，灵芝对抗血栓形成有良好效果。

灵芝具有对抗环磷酰胺所致白细胞数量减少的作用，能增加胸腺重量和脾脏重量，增加巨噬细胞吞噬功能，并能促进T淋巴细胞转化和溶血素的生成，促进造血功能。

7. 降血糖和抗氧化作用

许多学者研究表明，灵芝能加速外周血（内脏、表皮）微循环，提高内脏的生理功能，从而能使衰老机体的胰脏生理得到改善，胰岛素受体细胞的敏感性有所提高，所以能防治2型糖尿病。

氧化是专指脂质过氧化，它是由自由基引起的。自由基是细胞代谢过程中产生的活性物质，它能诱发氧化反应，使生物膜中多种不饱和脂类发生超氧化变性，形成脂质过氧化物，而导致细胞膜损伤、酶活性下降、细胞死亡、组织损伤，尤其是能严重损伤肝脏和引起血管硬化等疾病，因此脂质氧化对人体危害很大。许多学者的研究初步表明，灵芝水提物、灵芝多糖均具有清除自由基活性，如清除氧自由基和羟自由基，从而达到消除脂质过氧化的作用。

8. 安定镇静和镇痛作用

灵芝有较显著的安定、镇静和祛痛效果。灵芝提取物能降低中枢神经系统兴奋性，有明显镇静、抗惊厥作用，能减少动物的自发活动，加强催眠药的作用，提高痛阈值，改善病人睡眠质量和解痉。

9. 镇咳祛痰和平喘作用

灵芝中的一些成分对呼吸系统疾病具有良好的防治作用，如灵芝多糖能修复气管上皮肥大的细胞膜，因此能阻止上皮肥大细胞释放组胺和慢反应物质，阻止组胺和慢反应物质引起哮喘，灵芝还可以促进损伤的支气管黏膜再生和修复。

10. 保肝和护肾作用

四氯化碳是一种有害肝脏的化学毒物，进入机体可使实验动物迅速发生中毒性肝炎。许多实验表明，灵芝对保护肝脏免受有毒化学物质损害有良好效果。

灵芝有调整体液免疫水平的功效，当免疫球蛋白过高时，灵芝可抑制它产生，防止肾小球内免疫复合物的沉积，防止和减轻肾小球基膜的损害，不使肾小球肿胀，从而可预防和缓解免疫复合物导致的肾炎。

第四节　浙江灵芝产业发展现状与展望

一、浙江灵芝发展现状

灵芝被列入《浙江省中药材保护和发展规划（2015—2020年）》，同时列入《武义县国民经济和社会发展第十三个五年规划纲要》。武义灵芝先后通过了中国、欧盟、美国、日本有机产品认证，被中国中药协会授予"灵芝品种道地药材保护与规范化种植基地"。2017年，武义灵芝获国家质检总局"中华人民共和国生态原产地产品"标志保护，同年武义灵芝获得"中国灵芝十大品牌"荣誉称号。2022年，"武义灵芝"地理标志证明商标成功注册（图8-10）。灵芝产业孕育出上海主板上市公司浙江寿仙谷医药股份有限公司（以下简称寿仙谷公司），另外还有永康市的浙江菇尔康生物科技有限公司、婺城晓明真菌研究所等一批研发型科技企业。

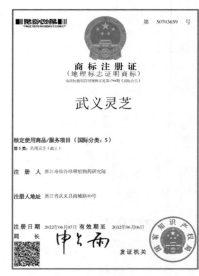

图8-10　"武义灵芝"
地理标志证明商标

寿仙谷公司作为中华老字号企业，在灵芝行业有着悠久的研发历史。寿仙谷公司通过科技创新和实践，实现了从中医中药基础科学研究→优良品种选育→仿野生有机栽培→传统养生秘方研究与开发→现代中药炮制与有效成分提取工艺研究→中药临床应用一整套完善的中药产业链，实施身份证可追溯制度，建立全程质量控制体系。公司重视国际合作研究攻坚，先后与波兰弗罗茨瓦夫医院联合进行灵芝孢子粉抗肿瘤药理药效研究，与美国保健品医药协会、德国传统医药创新交流协会等机构合作签订《国际灵芝合作研究框架协议》；与美国梅奥医学中心合作，开展《研究者发起的临床前研究协议——灵芝对高胆固醇血症引起的心血管功能障碍的效应》研究；与法国欧洲精准医疗平台合作，开展《灵芝孢子粉对人肺癌细胞 A549 分子免疫信号通路的影响》研究；与美国韦恩州立大学合作，开展"PD-1 蛋白在赤灵芝免疫调节和癌症治疗中的作用"研究。公司主要产品灵芝孢子粉系列产品市场占有率全国第一。寿仙谷牌灵芝及孢子粉系列产品获评"中国灵芝十大品牌"，被授予"2022 杭州亚运会官方灵芝产品"称号；寿仙谷牌灵芝孢子粉成为"一带一路"中药治疗肿瘤首选产品，获评首批"浙产名药"产品，荣获（健康中国）浙江省中医药科技创新产品金奖；寿仙谷牌破壁灵芝孢子粉和寿仙谷牌铁皮枫斗灵芝浸膏被列入 21 世纪"国际中医药健康之星"重点推荐产品；寿仙谷牌灵芝孢子粉荣获国家"三无一全"产品称号。

二、浙江灵芝发展前景

近年来，随着灵芝栽培技术、深加工技术的推广，以及灵芝食药营养价值被消费者所认可，灵芝消费的市场空间被打开，产品市场进一步扩大。我国已成为世界上灵芝最大的生产国、消费国和出口国，在国内外有着广阔的发展空间。目前，全球年产灵芝及孢子粉约 16 万吨，年产值超过 50 亿美元，中国、日本、韩国为灵芝三大主产国，近年来国内灵芝产能匀速增长，面积扩张。2004—2020 年，国内灵芝产能从 5 190 吨增长到 1.226 万吨，2020 年我国灵芝和灵芝孢子粉合计年产量约 1 700 万千克，灵芝产业总产值超过 80 亿元。随着灵芝产业的发展，从灵芝育种、栽培、产品生产、药效研究、检测检验等全产业链发展日益成熟，同时基因工程、智能制造等新兴技术也不断渗入灵芝产业，为传统行业带来技术革新。

灵芝产业符合低碳经济的发展方向，是一个不与人争粮、不与粮争地、不与地争水、不与环境排污染、不与其他产业争资源、低能耗可持续发展的行业，已成为农业增产、农民增收的优势产业，是解决农村剩余劳动力、就业增收的有效途径，是农村改容换貌的重要方式，为解决我国"三农"问题提供了一个非常好的模式。从灵芝栽培，到灵芝深加工，再到灵芝医药，这是一条环保、低碳、可持续发展的途径，符合现代农业发展特征。可以预见，在所有灵芝相关从业人员共同努力下，灵芝产业必将从中华大地走向世界，造福于人类。

（一）聚焦特色点燃共富引擎，推动"产业带富"

1. 高水平树立中医药行业新标杆

寿仙谷公司以省级重点院士工作站（寿仙谷院士专家工作站）为载体，加快推进山区26县特色产业高质量发展标准化试点建设，招引张伯礼、孙燕、李玉、黄璐琦4位院士入驻，通过整合政产学研用优势资源、建立高水平专家服务团队，构建中医药领域标准创新联合体，为推动全产业链标准化体系建设提供智力支撑。

2. 全方位赋能区域公共新品牌

寿仙谷公司通过举办"浙产名药"发展大会、"仙草文化节"等活动，深挖寿仙谷品牌文化底蕴，全面提升寿仙谷品牌知名度和影响力。依托武义县中药材协会这一平台，利用寿仙谷公司等一批龙头企业在全国的经销网络渠道，持续打造以铁皮石斛等为道地中药材"武七味"区域公用品牌，重点培育"寿仙谷""万寿康"等一批企业自主品牌，实现区域公用品牌＋企业自主品牌"双品"驱动、"两翼"齐飞。

多层次培育大健康产业新集群。武义县以寿仙谷公司为核心，规划建设政府主导、企业共建的1.8平方千米大健康产业园，形成以寿仙谷医药为龙头，海兴药业、万寿康生物、品高生物等企业为骨干的协同发展产业集群，搭建以有机国药生产加工、中医药文化科普、康复养生等为特色的大健康产业体系。

（二）依托优势汇聚共富动能，着力"项目生富"

1. 深化闲置资源转化新体系

寿仙谷公司依托县乡两级"土地银行"进行"零存整贷"，鼓励农户将手中闲置、零散土地进行存储，加速零星地块整并和空间置换腾挪，推动药、菌作物主产区连片布局，切实为农业产业发展提供要素保障。公司根据产业布局集中流转农户土地，以高出市场1/3的价格与农户签订流转协议，带动提升全县的土地承包价格，让农民实实在在享受"土地红利"。

2. 探索联农带富增收新机制

寿仙谷公司以"企业＋基地＋农户"的模式打造有机国药"共富工坊"，为 37 个农民专业合作社、农业生产大户无偿提供菌种和技术服务，同时有偿收购相关产品，解决中部、南部山区农民缺乏技术、资金、销路等问题。

3. 构架三产融合发展新格局

寿仙谷公司利用源口水库生态环境资源禀赋优势，建立有机国药基地养生园，通过采摘、游览、品鉴等服务，逐步带动周边形成以寿仙谷基地为代表的蓓康灵芝园、"十里荷花"等一批观光休闲、文化传播、药膳体验融合示范基地，带动周边民宿、餐饮等产业发展，打造出一条康养旅游线路，走出"二产带动一产融合三产"农文旅路径。

（三）立足民生织牢共富纽带，促进"平台帮富"

1. 搭建数字平台，赋能产业新升级

寿仙谷公司以打造"未来农场＋未来工厂＋未来实验室＋未来市场"为突破，建立公司信息化"三系统"（集团数据及管理系统、营销系统、生产管理系统）、"两平台"（数据互联及管理平台、企业数据安全保障风险控制平台），搭建预警系统智能大棚，建成全球唯一达到高精度装量要求的 10 列 Stick 自动化生产线，实现中药产业数字赋能。

2. 打造产业平台，带动就业新机遇

寿仙谷公司重点招聘易地扶贫搬迁农户和附近农户，经过培训和实习将农民转化为产业工人，实现山区农民就业增收，切实提高了农户工资性收入。

3. 激活公益平台，汇聚慈善新动力

寿仙谷公司作为"国家慢病防治健康行"大型公益示范活动的启动参与者和推动者，积极组建科普教育团队，开展慢病科普宣传、健康教育、专业培训、义诊讲座等健康促进系列公益活动，累计开展各类公益活动 500 多场次，服务超 2 万人次。设立"寿仙谷博爱基金"，用于医学研究、肿瘤学子关爱以及扶贫、帮困、助老、助学、赈灾等公益事业。该基金成立以来，累计捐资捐物总额超 2 000 万元。公司先后获得浙江省人民政府"浙江慈善奖""中

"婺八味"金华本草

第五节 灵芝特色栽培技术

一、设施大棚栽培

（一）场地选择与大棚建设

灵芝栽培场地宜选择通风良好、水源清洁、排灌方便的区域。土壤、水源、大气质量等达到国家二级标准，禁止在非适宜区种植。

设施大棚走向因地形而异，一般以南北走向为宜。依栽培场地搭建单体棚或钢架连栋大棚，单体棚高2.5～2.8米，棚顶覆盖遮阳网等遮阳材料，棚架四周用遮光材料围严。

（二）整畦与排场

棚架下整畦（图8-11），畦上泥土预先深翻打细发白，畦面撒石灰粉消毒。畦宽1.4～2.2米，畦高25厘米，畦沟宽40～50厘米。

图8-11 整畦

在4—5月选择晴天下地排放。将菌段（袋）排放在畦上，根据畦宽每畦横排3～5段（堆）。通风5～10天后再脱去菌袋，依次排放在畦上，菌段（袋）间距5～10厘米、行距20～25厘米（图8-12）。

图8-12 排场

图 8-13　覆土

图 8-14　盖膜

（三）覆土与盖膜

在菌段（袋）间填满泥土，并覆盖菌段（袋）不外露，覆土厚度 1～2 厘米（图 8-13），覆土后应对畦面喷一次重水，使土壤湿润并与菌段（袋）接触紧密，喷水后菌段表面泥土被水冲刷而外露的应及时补上土。

每畦插上弧形毛竹片，构成拱形架，架中间离畦面 50～60 厘米，架上盖塑料薄膜，将整个畦罩住（图 8-14）。

（四）出芝管理

1. 湿度

菌蕾形成至开片时，空气湿度宜保持在 90%～95%；子实体开片基本完成，菌盖边缘稍有黄色时，空气湿度宜保持在 85%～90%；子实体趋于成熟至孢子弹射期，空气湿度宜保持在 80%～85%。

2. 水分

在原基形成和幼芝生长期，土表干燥发白的地方应适当喷水，但畦内泥土不宜过湿，喷水应细缓。在采收灵芝子实体或套筒收集孢子粉前 7 天停止喷水。

3. 温度

用遮阳、喷水、掀盖膜等方法控制出芝场的温度，最适温度为 20～30℃。

4. 通风

在灵芝原基还未形成时，可用通风来调节棚内的温度和湿度；灵芝原基形成到幼芝生长期，应利用掀开棚两端薄膜的方式通风；子实体开伞后卷起拱形棚两侧薄膜，加大通风量（图 8-15）。

5. 光照

根据气温和日照情况，在盛夏高温强日照下增加遮阳度，使棚内光照强度保持在七分阴三分阳。保持光照均匀，防止灵芝因向光偏向生长。

图 8-15　通风

6. 疏芝

同一菌段（袋）形成的过多原基可用锋利小刀从基部割去，每根菌段（袋）保留 1～2 朵。疏芝原则为去弱留强、去密留疏（图 8-16）。

（五）主要病虫害防治

灵芝种植过程中，病虫害的防治是一项重要工作。灵芝的主要虫害有灵芝谷蛾、灵芝膜喙扁蝽、黑翅白蚁等。

图 8-16　疏芝

灵芝的主要病害和防治方法如下。

1. 木霉

为害症状：在灵芝菌丝生长阶段，培养基或段木被木霉污染后，表面显现深绿或蓝绿色，抑制灵芝菌丝生长；在灵芝子实体生长阶段感染木霉，灵芝子实体生长停止，变绿发霉；若不及时处理，使灵芝培养失败，减产减收。

防治措施：保持栽培环境的清洁卫生；子实体生长阶段，对芝棚应做好遮光、保湿及通风工作，防止灵芝原基长出后受阳光直接暴晒而灼伤，防止芝田积水及覆土含水量过高；子实体成熟后及时采摘；加强早期防治。如子实体感染绿色木霉，应及时摘除，以防蔓延。

2. 黄曲霉

为害症状：黄曲霉感染菌木，初时略带黄色，随着菌丝蔓延，菌落变为黄绿色，产生大量的分生孢子，再形成二次污染，造成灵芝菌丝生长缓慢或无法生长。

防治措施：保持栽培环境的清洁卫生；培养料彻底灭菌，掌握好灭菌时间，确保培养料温度达到 100 ℃时连续保温 16 小时以上；控制温度，加强通风，创造灵芝菌丝培养良好条件。其他措施参照木霉的防治措施。

3. 链孢霉

为害症状：在菌丝培养阶段侵染灵芝段木，菌段受链孢霉污染后，先在段木表面长出疏松的网状菌丝，生长迅速，后产分生孢子堆，呈团状或球状，稍受震动，便散发到空气中到处传播。

防治措施：保持栽培环境的清洁卫生；在菌段的生产培养过程中不损伤塑料袋；对已在袋子破口形成橘红色块状分生孢子团的，应用湿布或浸有柴油的纸包好后小心移出，深埋或烧毁，防止孢子的扩散。其他措施参照木霉的防治措施。

4. 黏菌

为害症状：常在灵芝栽培的出芝阶段污染，初期在灵芝覆土层表面出现黏糊的网状菌丝，其菌丝会变形运动，发展迅速，在 1 ～ 2 天内蔓延成片。侵染灵芝的主要有网状黏菌和发网状黏菌，其菌丝分别为黄白色和灰黑色。被黏菌侵染的覆土灵芝地块灵芝不仅停止生长，且芝体受害出现病斑、腐烂，严重影响灵芝的产量和质量。

防治措施：除覆土栽培前对畦床泥土进行有效的消毒外，平时要注意加强芝棚的通风、排湿，降低地下水位，防止栽培场长期处于阴湿状态，对发生黏菌为害的地块用生石灰粉等撒布覆盖，抑制其扩散生长，并挖除发病部位泥土和菌段。

二、灵芝立体栽培

1. 栽培季节

一般安排在11月中旬至翌年1月下旬制包接种，4月下旬至5月上架出芝。

2. 制段灭菌

把截成15厘米长的椴木，装入长36厘米、筒径扁18厘米的聚乙烯筒袋中，每袋可装1～5根。或将木屑78%、麸皮20%、糖1%、石膏1%混合均匀后装袋，袋口用绳子扎紧（图8-17），用常压灭菌100℃维持恒温20～24小时。

3. 冷却接种

将灭菌后的菌包趁热搬运到干净的发菌场地，袋有破损用胶布封住，菌包下面要铺垫干净的塑料膜，等菌包温度降至30℃以下，在无菌条件下进行一头接种，菌种铺满两头截面，扎进袋口。

图 8-17　制段

4. 菌包培养

接种后菌包在15～28℃温度下叠层培养（图8-18）60～90天，培养期间要定期通风，控温，避光。前期以保温为主，后期适当透光，菌包在发菌一半左右翻堆1次，剔除杂菌。

5. 上架剪口管理

将发满菌丝成熟的菌包移到出芝场地，上架剪口（图8-19），进行出芝管理。温度：用遮阳、喷水、掀盖膜等方法控制出芝场地

图 8-18　菌包叠层培养

的温度，最适温度为 20～30℃。湿度：根据生长期调节棚内空气湿度。水分：在原基形成和幼菇生长期，应适当喷水，开片期相对喷水要多点。光照：保持七分阴三分阳。

6. 疏芝铺膜

同一菌段形成的过多原基，用锋利小刀从基部割去，每根菌包保留 1 朵，铺 1 层薄膜（图 8-20）。

7. 开片收集孢子粉

在芝盖边缘的白色生长圈基本消失，菌盖下有少量孢子弹射时，用盖无纺布等方式进行收集（图 8-21）。

8. 分级采收初加工

子实体干制：灵芝留柄 2 厘米，除去残根，即采即烘，温度控制在 45～

图 8-19　上架剪口

图 8-20　疏芝铺膜

图 8-21　收集孢子粉

65℃，烘至含水量在 15% 以下。孢子粉干制：在采收当天将孢子粉摊晒在洁净的塑料膜上晒干，或用热风烘干，温度控制在 40 ～ 60℃，用塑料袋包装后待售，有条件可低温保存。

9. 病虫害防治

（1）**防治原则**。坚持"预防为主、综合防治"的原则。优先采用农业防治、物理防治、生物防治，合理使用高效低毒低残留化学农药。

（2）**农业防治**。保持环境清洁，按照本标准规定进行生产，注意观察，及时发现杂菌、虫害迹象，采取措施，把杂菌、虫害控制在初始阶段。

（3）**物理防治**。出芝场地安装防虫网、纱门等隔离措施，防止外部杂菌、虫源的进入，并吊挂粘虫板、杀虫灯诱杀。

第九章　白术

第一节　白术历史传承

　　白术 (*Atractylodes macrocephala*) 为菊科多年生草本植物，又称冬术、冬白术、于术、种术、山精、山连、山姜、山蓟、天蓟、乞力加等。早在西汉时期的《五十二病方》中已有关于"术"的记载，《伤寒杂病论》中应用了术，然而最早用术不分苍术、白术。宋代寇宗根据药性的燥缓，始将术分为苍术、白术。寇氏云："苍术长如大拇指、肥实、皮色褐，其气亦微辛苦而不烈，古方及本经止言术，不分苍、白两种，亦宜而帘。"南北朝时陶弘景《本草经集注》记载："术乃有两种：白术，叶大有毛而作桠，根甜而少膏，可作丸散用；赤术，叶细无桠，根小苦而多膏，可作煎用……东境术大而无气烈，不任用。"浙江白术最早在《神农本草经》中有记载，将术列作上品。晋代许迈曰："术初挖于桐庐县之恒""扬州之域多种白术，其状如桴"（浙江为扬州辖地）。宋代《本草图经》中有记载："今白术生杭、越、舒、宣州高山岗上。"南宋嵊县县志《剡录》（1214年高似孙著）就记载："剡山有术"，至明代文献记载，白术产浙江者渐多。明东阳《隆庆续志》记载："白术玉山民多种，以为生，余药皆有之。"万历《钱塘县志》载："白术生杭越，以大块紫花为胜，产于潜者最佳，诸方并珍。"明、清以来，术和白术均列为贡品。《本草从新》记载："产于潜者最佳，今甚难得……种白术，产浙江台州、烟山。"台州、烟山即今新昌、磐安、天台交界的彩烟山、天台山一带。民国二十九年（1940）《重修浙江通志》记载："磐安生产药材，白术9 600担。"

明清时期，诸医家备加推崇浙江产白术，尤其推崇于潜所产野生者。但白术用量大，野生白术难以满足需求，自明代开始人工栽培白术，浙江逐渐成为白术的道地产区。现浙江白术产量占全国总产量的40%以上，且浙产白术个大、外观黄亮、结实沉重、清香诱人、药效显著，是著名特产药材之一。浙江白术产地分布在四明山、天目山、天台山、括苍山等山脉的33个市（县），其中将新昌、嵊州、东阳、磐安、天台等县市所产白术称为浙东白术，杭州、临安、余杭所产白术称为杭白术。东阳、磐安所产者称"大山货"，个长形；新昌、嵊州所产者多为"小山货"，个形短圆；杭白术产临安的称"于术"，"鹤形鸡腿"，体重质实，品质特优。

白术的根茎晒干或烘制后可供药用。白术为常用中药，与人参齐名，向有"南术北参"之誉。除用于配方外，也是中成药常用原料，如十全大补丸、五苓散、千金止带丸、固本咳喘片、合生发肾宝、八珍颗粒、补中益气丸、归脾丸、和络舒肝胶囊、养胃舒冲剂等。

第二节　白术生物学特性与产地自然环境

一、白术生物学特性

白术（图 9-1）属多年生草本植物，用种子繁殖，第一年播种培育术栽，也称一年生白术，从种子播种到术栽收获需 220 天左右。术栽于当年冬季或翌年春季栽种后生产商品术或种子，也称二年生白术，从术栽栽种到产品收获，一般需 320 天左右。白术适宜在气候温和、雨量适中、空气湿润、四季分明、光照充足的地区。

图 9-1　白术植株及其根茎

白术种子在 15℃以上即能萌发，在适宜的温、湿度条件下 10 天左右出苗。3—4 月植株生长较快，6—7 月生长较慢。当年植株也可开花，但果实不饱满，11 月以后进入休眠期。翌年春季再次萌动发芽，3—5 月生长较快，茎叶茂盛，分枝较多。二年生白术开花多，花期长达 4 个月，种子饱满。进入花期植株生长就趋于缓慢，茎叶枯萎后，即可收获。

（一）形态特征

白术为多年生草本植物，植株高 30 ～ 80 厘米。根系不发达，分布较浅。根茎为药用部位，肥厚粗大，结节状，有不规则分支，外皮灰黄色。地上茎直立，光滑无毛，通常自中上部分枝，基部木质化，表面略有不明显的纵浅槽。单叶互生，茎下部叶有长柄，叶片三深裂或偶有五深裂，顶端裂片最大，裂片椭圆形或卵状披针形；茎中部叶长 3 ～ 6 厘米，叶片极少兼杂不裂而叶为长椭圆形；茎上部叶柄渐短，叶片不分裂，椭圆形或卵状披针形，长 5 ～ 8 厘米，宽 1.5 ～ 3 厘米。叶缘均有刺状齿，上面绿色，下面淡绿色，叶脉突起显著。秋季开花，头状花序单生于枝端，植株通常有 6 ～ 10 个头状花序，但不形成明显的花序式排列。苞叶绿色，长 3 ～ 4 厘米，针刺状羽状全裂；总苞钟状，直径 3 ～ 4 厘米，膜质，总苞片 9 ～ 10 层，覆瓦状排列，花多数，着生于平坦的花序托上；花冠管状，淡黄色，上部稍膨大，紫色；雄蕊 5 枚，聚药，花药线形；雌蕊 1 枚，子房下位，柱头头状，顶端中央有浅裂缝。花期 9—10 月。生产中采收的"种子"是其瘦果。瘦果倒圆锥状，长 8 ～ 10 毫米，宽约 3.4 毫米，厚 1.8 ～ 2 毫米；表面密生黄白色茸毛，冠毛长约 15 厘米，基部为刚质毛，草黄色，上面羽毛状分歧；子叶肉质。千粒重 25.6 ～ 37.5 克。果期 10—11 月。

（二）品种

目前浙江主要栽培品种为浙术 1 号（原名 32-04），该品种是由磐安县中药材研究所、浙江省中药研究所有限公司共同育成 [审定编号：浙（非）审药 2014 [003]。生育期 240 ～ 248 天。开花期 9 月中旬至 11 月中旬，瘦果倒圆锥形，被白色柔毛，具冠毛，污白色。商品根茎肥厚，娃形、鸡腿形等优形率高，表面黄棕色或灰黄色，横断面呈菊花芯状，气清香、味甘、微辛。

二、主产区生态环境

（一）气候条件

白术产区属亚热带气候，气候温和湿润，四季分明。夏初雨热同步，而盛夏多晴热，秋冬光温互补，灾害性天气较多。年平均日照时数 1 900 小时左右，年平均气温 16.6℃，年平均降水量 1 500 毫米，无霜期 240 天。

1. 温度

白术种子在 15℃以上开始萌发，20～25℃为发芽适温，35℃以上发芽缓慢，40℃以上种子全部失去生活力并且发生霉烂。出苗后能忍耐短时期霜冻。3—10 月，在日平均气温低于 29℃情况下，植株的生长速度随着气温升高而逐渐加快；日平均气温在 30℃以上时，生长受抑制。8—9 月，气温在 26～28℃，适宜根茎生长，且在这段时期内，昼夜温差大，有利于营养物质的积累。

2. 日照

白术一般喜生长在背阴坡向，以坡度平缓的北坡、东南坡、东北坡为好。特别是高温季节，稍荫蔽的条件有利于白术生长发育。日照强烈的西坡、西南坡、南坡不宜栽植。

3. 水分

白术种子发芽需要有较多的水分。在一般情况下，吸水量达到种子重量的 3～4 倍时，才能萌动发芽。吸水量过多或过少，都不利于种子发芽。出苗期间，若天气干旱、土壤干燥，会出现缺苗，甚至不出苗现象。

白术在生长期间，对水分的要求比较严格，既怕旱又怕涝。土壤含水量在 25% 左右，空气相对湿度为 75%～80%，对白术生长有利；湿度太大或连续阴雨会导致白术生长不良，常常使其易发生严重病害死亡；如生长后期遇到严重干旱，则根茎膨大受影响。

（二）土壤条件

白术对土壤要求不是很严格，酸性的黏土或碱性砂质壤土都能生长。以栽培于海拔 300～600 米玄武岩发育而成的红黄壤为佳。如土壤过于黏重，则因土壤透气性差，易发生烂根现象。忌连作，亦不能与有白绢病的植物如白菜、玄参、花生、甘薯、烟草等轮作，以免发生烂根。前作以禾本科植物为好，新开荒的山地栽植白术，产量、品质均佳。

（三）产地环境

白术的种植基地（图 9-2）应按中药材产地的要求，因地制宜，合理布局。其种植区域的环境条件应符合国家相关标准，空气质量应符合大气环境质量二级标准；土壤应符合土壤质量二级标准；所采用的灌溉水应符合农田灌溉水标准。

图 9-2　白术种植基地

第三节　白术药理药效

　　白术为常用中药，与人参齐名，向有"南术北参"之誉。除用于配方外，白术也是中成药常用原料，如十全大补丸、五苓散、千金止带丸、固本咳喘片、合生发肾宝、八珍颗粒、补中益气丸、归脾丸、和络舒肝胶囊、养胃舒冲剂等。

　　白术主要成分为挥发油，含量为 1.4% 左右，挥发油的主要成分为苍术酮、苍术醇，亦含苍术醚、杜松脑、苍术内酯、羟基苍术内酯、脱水苍术内酯、棕榈酸、果糖、菊糖以及白术内酯Ⅰ、白术内酯Ⅱ、白术内酯Ⅲ，此外还含有维生素 A 类物质以及精氨酸、脯氨酸、天门冬氨酸、丝氨酸等 14 种氨基酸。

1. 性味与归经

　　苦、甘、温。归脾、胃经。

2. 药用功效与主治

　　健脾益气，燥湿利水，止汗，安胎。用于脾虚食少、腹胀泄泻、痰饮眩悸、水肿、自汗、胎动不安。

药理研究表明，与白术健脾益气功效相关的药理作用为调整胃肠运动功能、抗溃疡、保肝、增强机体免疫功能、抗应激、增强造血功能等；其燥湿利水功效与利尿作用有关；而安胎功效与抑制子宫收缩作用有关。白术还有抗氧化、延缓衰老、降血糖、抗凝血、抗肿瘤等作用。

3. 用法用量与用药禁忌

内服：煎汤，常用量为 6～13 克；或熬膏，或入丸、散。

利水消肿、固表止汗、除湿治痹治疗宜生用；健脾和胃宜炒用；健脾止泻宜炒焦用。

阴虚燥渴、气滞涨闷者忌服。

4. 选方

（1）治脾虚胀满。白术 100 克、橘皮 200 克。为末，酒糊丸，梧子大。每食前木香汤送下 30 丸。（《全生指迷方》宽中丸）

（2）治嘈杂。白术 200 克（土炒）、黄连 100 克（姜汁炒）。上为末，神曲糊丸，黍米大。每服百余丸，姜汤下。（《岳景全书》术连丸）

（3）治老小虚汗。白术 25 克、小麦 1 撮，去麦为末，用黄芪汤下 5 克。（《全幼心鉴》）

（4）治妊娠七八月后两脚肿甚。白术、白茯苓各 100 克，防己、木瓜各 150 克。上为细末。每服 5 克，食前沸汤调下，日三服，肿消止药。（《广嗣记要》白术茯苓散）

（5）治盗汗。白术 200 克，分作 4 份，1 份用黄芪同炒，1 份用石斛同炒，1 份用牡蛎同炒，1 份同麸皮同炒。上各微炒黄色，去余药，只用白术，研细。每服 10 克，粟米汤下。（《丹溪心法》）

（6）治久咳，痰多薄沫。白术 200 克，分成 4 份，每份 50 克。第一份用甘遂 10 克煎汤制，去甘遂。第二份用白芥子 10 克煎汤制，去白芥子。第三份用枳实 10 克煎汤制，去枳实。第四份用大戟 10 克煎汤制，去大戟。合并炒干研末。（逐饮散，即四制于术散）

（7）治虚弱枯瘦，食而不化。白术（酒浸，九蒸九晒）500 克、菟丝子（酒煮、晒干）500 克。共为末，蜜丸，梧子大。每服 10～15 克。（《纲目拾遗》）

（8）治白浊带下，大便溏泻。白术（麸炒）182 克、泽泻 121 克、茯苓

121 克、车前子 121 克、椿皮 121 克。以上五味，取白术 120 克，粉碎成细粉过筛；茯苓、车前子椿皮加水煎煮 2 次，合并煎液滤过。其余白术与泽泻以 85% 乙醇渗漉，漉液回收乙醇合并以上各药液，减压浓缩成膏，加入白术细粉及辅料，混匀制粒。60℃ 以下干燥，压制 1 000 片，包糖衣即得。口服，每次 6 片，每日 2 次。[白带片 卫生部《药品标准·中药成方制剂》（第二册）1990 年]

第四节　白术产业现状

　　民国二十一年（1932）《中国实业志》（浙江省）载：于潜种术面积 7 150 亩，年产量 71.5 万千克。民国二十五年（1936）《浙江新志》载：白术常年产量 406 万千克，主产新昌、天台、温岭、仙居、东阳、永康等县。抗战时期年产量仅 31 万余千克。新中国成立以后，1949 年面积 3 500 亩，年产量 32.3 万千克。20 世纪近 50 年，浙江白术生产量波浪式发展，白术种植面积、产量经历"五起五落"。1953 年、1961 年、1970 年、1977 年和 1983 年产量为低谷年，其中 1953 年最低，产量仅 35.2 万千克，其次 1983 年，产量为 43.4 万千克。1957 年、1966 年、1973 年、1980 年和 1986 年为高峰年，1966 年产量最高达 769.1 万千克，其次是 1986 年，为 637.3 万千克。白术种植面积最大的年份是 1967 年，为 83 540 亩，其次是 1968 年，为 68 577 亩。进入 21 世纪，由于对白术的总需求增加，价格比较平稳，一直维持在 10 元/千克以上。面积、产量相对稳定，2004 年浙江白术种植面积 4.93 万亩，总产量为 860 万千克；2006 年浙江白术种植面积 4.02 万亩，总产量为 708.2 万千克，平均单产（干品）176.3 千克。近几年面积基本稳定在 5 万亩左右。

第五节　白术特色栽培技术

一、选地及整地

白术不能连作，种过白术的田块须轮作 5 年以上才能再种，种植前茬以禾本科和豆科作物为佳。育苗地选择：在平原地区要选土质疏松、排水良好的砂壤土；在山区一般选择土层较厚、有一定坡度的土地种植，但不宜在种过白术的下坡地种植，以免雨水带菌感染病害。有条件的地方最好用新垦荒地种植。一年生白术育苗地选好后，应在年前翻土冻化，若条件允许，可铺草烧土，消毒效果更佳。二年生白术栽种前翻耕时施入基肥，在作畦前每亩用生石灰 100 千克进行消毒。

整地要细碎平整。南方多作成宽 120 厘米左右的高畦，畦长根据地形而定，畦沟宽 30 厘米左右，畦面呈龟背形，便于排水。山区坡地的畦向要与坡向垂直，以免水土流失。

二、选种

白术栽培第一年以育苗为主，贮藏越冬后移栽大田，第二年冬季收获产品。也有春季直播，不经移栽，两年收获，但产量不高，很少采用。

一年生白术应选择适应性强、抗病性强、丰产性好的优良品种栽种，如浙术 1 号。选用色泽新鲜、颗粒饱满、成熟度一致的上一年收获的新种子，并除去带病虫籽及瘪籽，发芽率应不低于 78%，千粒重 20 ～ 30 克。二年生白术的术栽应选用上部较小、下部较大的蛙形术为佳；顶端无硬秆，有一个饱满健壮的顶芽；表皮细嫩，色泽新鲜亮黄；尾部须根多而柔软；无病斑，无破损，大小均匀。

三、良种繁育

6 月上中旬，选形态相对一致，分枝少、叶片较大、叶色深绿、茎秆矮壮、花蕾大、无病虫害的植株作种株，每株留顶部花蕾 3 ～ 5 个，除去其他花蕾。11 月上中旬，当总苞外壳变紫色，微开并现白色冠毛时，选晴天将母株挖出，将地上部分按类型扎把，倒挂于阴凉通风处 15 ~ 20 天，晒 2 ~ 3 天，待总苞片完全裂开，打出种子，去除线毛、瘪子和其他杂质，再晒 1 ~ 2 天后，装入纸袋或布袋内，贮藏于干燥凉爽处。

2 月下旬至 4 月上旬播种，播种前将种子放入 25 ~ 30℃的温水中浸 24 小时，保湿，待胚根露出 80% 时播种。播种方法以条播为主，按行距 25 ~ 30 厘米，开沟播种，深 4 ~ 6 厘米，播幅 7 ~ 8 厘米；也可采用撒播。播种后上盖适量草木灰，再盖 2 ~ 3 厘米的细土，以盖平术籽为度，再盖稻草保湿，每亩用种量为 5 千克左右。术籽播种后 20 ~ 25 天开始出苗，出苗后根据土壤墒情和出苗情况逐渐去除覆盖物，及时除草。按株距 3 ~ 5 厘米进行间苗。10 月中下旬，当术苗茎叶枯黄时，选晴天挖出术栽，除去茎叶和过长的须根，应随挖随栽。如不能及时栽植，选阴凉处，短时沙藏保存，贮藏术栽要求保持术栽鲜活，防止受热、受潮和鼠害，可将术栽与细沙按一层沙、一层术栽分层堆积，术栽不能露出沙面。

四、种植

1. 定植

解耕土地，深度 30 ~ 40 厘米，整平耙细后，作龟背形畦，畦宽 120 ~ 150 厘米，沟宽 23 ~ 35 厘米。随整地施入基肥，以有机肥为主、化学肥料为辅。农家肥应充分腐熟。11 月下旬至翌年 1 月下旬穴栽，行距 30 厘米，穴距 25 ~ 40 厘米，定植穴深 10 厘米。术栽每亩用量 35 ~ 50 千克。栽种时，术栽顶芽向上，齐头，栽后覆土以 3 厘米为宜。

2. 田间管理

白术封行前，选晴天露水干后进行 2 ~ 3 次除草（图 9-3）。第一次在齐苗后结合施苗肥进行，疏松畦面，深度可达 10 ~ 15 厘米。第二次视草情决定是否进行。第三次在现蕾初期，也可结合施蕾肥进行，方法同第一次，深度应在 10 厘米以内。白术封行后不中耕，视草情用手拔除田间杂草。每年结合中耕除草施肥 1 ~ 2 次，在苗期、茎叶生长盛期、根部迅速增重期追肥。白术生长怕积水，雨季应及时疏通畦沟、做好排水，确保雨停田间无积水。7—8 月，选择晴天露水干后除去花蕾（图 9-3）。每隔 7 ~ 10 天，分批摘净全株花蕾。摘时，一手捏住茎秆，一手摘下花蕾，注意不伤茎叶，不动摇根部。

去除的花蕾应集中处理，以防止病虫害传播。

　　根据药材的生长、土壤肥力等进行施肥，可考虑以有机肥为主，化学肥料有限度使用，鼓励使用经国家批准的菌肥及白术专用肥。禁止使用壮根灵、膨大素等生长调节剂。

图 9-3　中耕除草（左）及摘蕾（右）

五、施肥

　　白术一生对氮、磷、钾总需求量一般为氮 27.5 千克（折合尿素 50 ～ 60 千克）、磷 7.5 ～ 10 千克（折合过磷酸钙 50 ～ 60 千克）、钾 7.5 ～ 10 千克（折合氯化钾 12 ～ 17.5 千克）。浙江药农在长期的生长实践中，根据白术的生长规律，总结出"施足基肥，早施苗肥，重施蕾肥"的经验。幼苗基本出齐后，施第一次追肥，每亩用有机肥 750 千克左右。5 月下旬再追施一次有机肥，每亩 1 000 ～ 1 250 千克，或硫酸铵 10 ～ 12 千克（尿素则减半）。结果期前后是白术整个生育期吸肥力最强、地下根茎迅速膨大时期，此时追肥对白术的产量影响很大，因此在摘花蕾后 5 ～ 7 天（留种者在开花前），每亩施腐熟饼肥 75 ～ 100 千克、人畜粪尿 1 000 ～ 1 500 千克和过磷酸钙 25 ～ 30 千克。

　　锌为白术生长发育所必需的微量元素。据报道，在白术药材中锌的含量较其他药材要高。同时，锌也是人体必需的微量元素，而一般土壤都表现为缺锌。据对白术不同时期施用不同量锌肥的试验结果表明，以苗期施用 98% 硫酸锌 1 千克/亩效果最好，增产 19% ～ 27.7%；一级品率提高 7.4% ～ 24.9%；根茎单个重提高 1.1% ～ 14.7%。由此可见，施用微量元素锌不仅对白术的生长发育和产量有明显的影响，还对白术商品率有明显的影响。

六、病虫害防治

白术主要病害有根腐病、白绢病、立枯病、铁叶病等。主要虫害有蚜虫、小地老虎、蛴螬、斜纹夜蛾等。病虫害防治应坚持"预防为主，综合防治"的原则，以农业防治为基础，提倡生物防治和物理防治，科学应用化学防治技术。

1. 农业防治

土地轮作 5 年以上；有机肥必须充分腐熟；选用无病害感染、无机械损伤、表皮光滑、色泽鲜亮的优质种栽，禁用带病种栽；及时清沟排水；发现病株及时拔除，集中销毁，每穴撒入草木灰 100 克或生石灰 200～300 克，进行局部消毒；保持田园清洁。

2. 物理防治

在种植地安装频振式杀虫灯，诱杀蛴螬和小地老虎；用黄板诱杀翅蚜、潜叶蝇等害虫；利用不同害虫对性诱剂的趋向性，制备经济、高效、安全、无公害的新型诱捕器，可用于诱杀斜纹夜蛾成虫。

3. 化学防治

采用化学防治时，应当符合国家有关规定：优先选用高效、低毒、低残留的生物农药；尽量避免使用除草剂、杀虫剂和杀菌剂等化学农药；不使用禁限用农药。

七、采收

种子播种采收年限为 2 年，术栽播种采收年限为 1 年。10 月中旬至 11 月中旬，白术茎秆呈黄褐色、下部叶片枯黄、上部叶片已硬化时，选择无降水的天气采挖。完整挖出地下根茎，抖去泥土，避免损伤，剪去地上茎秆，去净泥杂。

八、产地初加工

白术产地初加工方法包括晒干和烘干，禁止使用硫黄熏蒸。

1. 晒干

将白术鲜根茎薄摊于晒场上晒 15 ～ 20 天，晒时要经常翻动，在翻晒时逐步搓、擦去须根，直至干燥（含水量低于 15%），即成生晒术商品。

2. 烘干

将白术鲜根茎在室内摊放几天，待表面水分稍干，放入烘炕（白术熄）（图 9-4）中烘。选用无芳香气味的杂木作燃料。初烘时，火力应稍大而均匀，保持烘炕温度 80 ～ 100℃，1 小时后将温度降至 60℃，2 小时后，将白术根茎上下翻动使细根脱落后再继续烘 5 ～ 6 小时。将初烘的白术再烘 8 ～ 12 小时，温度为 60 ～ 70℃，约 6 小时翻 1 次，达七八成干（含水量 20% 左右）时，全部出炕。将二次烘干后的白术分别堆置室内 6 ～ 7 天（不宜堆高），之后再次上炕，温度为 50 ～ 60℃，约 6 小时翻 1 次，直至干燥（含水量低于 15%），即成烘术商品。

图 9-4　白术熄

第十章 莲子

  莲（*Nelumbo nucifera*）为睡莲科多年生宿根草本植物，在我国栽培和应用历史悠久，分布广泛，南北各省都有种植。

  武义县是"婺八味"之一的莲子主产区，种植面积1.2万亩。武义莲子注册有"武义宣莲"公共品牌商标。"武义宣莲"为中国三大名莲之一，以其颗大粒圆、色泽乳白、质酥不糊、软糯可口、药用价值高等特色品质深受广大消费者青睐（图10-1）。先后获评地理标志证明商标、浙江省优秀农产品区域公用品牌最具历史价值十强品牌，得到农业农村部农产品地理标志保护认证，并且入选全国乡村特色农产品目录和农业农村部《中国农业品牌年鉴》等。

图 10-1　武义宣莲

第一节　金华莲子历史传承

　　莲在金华地区武义县种植历史悠久、文化流传广泛。关于莲子的起源、种植历史都有一直流传的传说，被列入第八批金华市级非物质文化遗产代表性项目推荐公示名单。据传说推断，武义莲子发源地是武义县西联乡壶源村（图 10-2），始种于唐朝显庆年间（656—661），距今有 1 300 多年历史，清嘉庆年间（1796—1820）被列为贡品。

图 10-2　武义莲子发源地

《读史方舆纪要》卷十四："丽水县宣慈乡，明初置鲍村巡司于此。景泰三年（1452）因析置县，改巡司为县治，县无城，今编户六十里。"鲍村正式析为宣平县治，新政伊始，经济务实，人文教化，商贾百工，事事待兴。宣邑客商因恪守信义而闻达处州、婺州二州，与当地商贾更有广泛交往，不时送些莲子予其品尝，皆大欢喜。

史料记载：清雍正十一年刊本《处州府志》载丽水物产果类有桃、李、杏、莲子等，宣平物产与丽水同；民国丙寅重修版《宣平县志》卷五载有农作副产，邑境山多田少于清光绪以前种靛为大宗产品，其次则是莲子等。

据《宣平县志》（明朝设处州宣平县，新中国成立后撤并入武义县）记载：莲子，一名藕实，向无种者，宣莲乃是莲中极品。宣莲作为宣平当地的特产，在清光绪年间曾是宣平县第二大经济特产。

武义宣莲品质道地。极品武义宣莲为伏莲，即三伏精华内所采之莲。其籽粒粉泽色纯，圆润饱满，清香四溢，发音铿锵。俞源以南纵横六十里，正是原宣平辖区，位在括苍、仙霞山脉尾段之夹缝带，是地壳变动期遗留下来原生态古地貌，又有别于古老的地质结构；属亚热带季风气候。地形、气候、植被、土质得天独厚，这种特定的自然生态环境是构成武义宣莲卓越品质的必备条件。故民谚有：天赐宣平黄金土，地育宫廷白玉莲。

武义宣莲不仅种植历史悠久、品质道地，相关民俗文化也颇为丰富。莲乡诸多关于莲子的风情，在莲子美食、生活习俗、建筑风格中都体现出来。山区人好客，凡有喜庆活动，宴请宾客，一碗冰糖宣莲羹是必不可少的，稍有讲究一点的酒席，则还要用一道"莲子八宝饭"：先将莲子入锅中煮熟，再起锅分盛于大海碗中上笼用猛火蒸，直到莲子酥软趴烂成为莲泥。上菜时，将莲泥倒扣于精美大盘中，浇上滚热的蜜汁，再缀四时干果于其上。食之酥而不糯，甜而不腻，实乃美食佳品。据说莲乡还有冰山雪莲、莲炖什锦之类的佳肴。莲乡根据莲子的药用特性，发明了一种用来疗理妇女产后体虚症的一种美食——猪肚莲子饭：先将500克莲子用水浸泡透，沥干装进一洗净的猪肚中，再将入口用棉线缝紧扎牢，用猛火炖熟。这种吃法对产后体虚的产妇身体恢复非常有效。

莲乡人对宣平莲子的喜爱不仅表现在相关美食的开拓上，还反映在他们以荷为美、视莲为吉祥的民间习俗和审美情趣上，在那些古宅的正面墙和两廊厢房墙面上，都能看到一幅幅并蒂莲藕图，莲子呈祥、蜻蜓戏荷、鱼跃荷塘等图画穿插在八仙过海、观音送子、竹报平安、梅雀贺春等图案之中。在诸种以荷、莲、藕入画来装饰点缀美化生活的风情趣事中，最具莲乡特色和民俗文化象征色彩的事物还是莲乡人用以贺生送死的两种鞋面装饰。出嫁的女儿做产了，做外婆的一定要送一双小布鞋给新来到这个世界的外孙或外孙女。鞋面正前绣一朵大红的荷花，两鞋帮上饰以两束细长的青绿色的常青柏枝，这种装饰大概是取"荷呈吉祥、柏表无疆"之意。反过来，女儿长大了，父母衰老了，一般年老的父母过了六十大寿之后，出嫁的女儿就要为父母做一双长寿鞋。鞋面常取青色，鞋底为白色。鞋面饰以这样一幅图案：一枝莲藕抽出两柄梗，一枝为荷叶，一枝为子实累累的莲蓬。鞋底则饰以云纹。这种长寿鞋，其实是准备老人故去之后入殓用的。这样一幅莲藕、莲花、莲子共生的图案，深究起来就有一些民俗文化的象征意义了。

第二节　莲生物学特性和产地自然环境

一、莲生物学特性

莲为多年生水生草本；根状茎横生，肥厚，节间膨大，内有多数纵行通气孔道，节部缢缩，上生黑色鳞叶，下生须状不定根。叶圆形，盾状，直径25～90厘米，全缘稍呈波状，上面光滑，具白粉，下面叶脉从中央射出，有1～2次叉状分枝；叶柄粗壮，圆柱形，长1～2米，中空，外面散生小刺。花梗和叶柄等长或稍长，也散生小刺；花直径10～20厘米，美丽，芳香；花瓣红色、粉红色或白色，矩圆状椭圆形至倒卵形，长5～10厘米，宽3～5厘米，由外向内渐小，有时变成雄蕊，先端圆钝或微尖；花药条形，花丝细长，着生在花托之下；花柱极短，柱头顶生；花托（莲房）直径5～10厘米。坚果椭圆形或卵形，长1.8～2.5厘米，果皮革质，坚硬，熟时黑褐色；种子（莲子）卵形或椭圆形，长1.2～1.7厘米，种皮红色或白色。花期6—8月，果期7—9月。

二、莲子产地自然环境

武义宣莲生产地域境内南部、西部和北部三面环山，峰峦连绵，西南高峻，略向东倾斜，中部丘陵蜿蜒起伏，为仙霞岭余脉所绵亘，形成武义和宣平二个河谷盆地。土层多数比较深厚，水利条件好，土壤肥沃，宜种性广。森林茂密，植被多样，森林覆盖率高达74%以上，昼夜温差大，自然生态环境优越。武义素有"温泉之城、萤石之乡"美誉。属亚热带季风气候区，兼有大陆性山地气候特点。四季分明，雨量丰富，日照充足。年平均气温16.7℃，无霜期240天，年平均降水量1 650毫米。雨季与旱季明显，3—6月降水量最多，10月至翌年1月为少，每年暴雨多集中于6—8月。全年日照时数1 970小时，其中5—10月日照时数占全年的66%，有利于喜光作物莲的光合作用。

第三节 莲子药理药效

莲子是国家卫生健康委公布的药食两用中药材。即可以作为食品，也可以作为药品用，是食品或保健食品开发的重要原料。莲子味甘、涩，性平。归脾、肾、心经。具有补脾止泻、止带、益肾涩精、养心安神之功效。常用于治疗脾虚泄泻、带下、遗精、心悸失眠。《本草纲目》载："莲之味甘，气温而性涩，禀清芳之气，得稼穑之味，乃脾之果也。土为元气之母，母气既和，津液相成，神乃自生，久视耐老，以其权舆也。昔人治心肾不交，劳伤白浊，有清心莲子饮；补心肾，益精血，有瑞莲丸，皆得此理。"

据2020年版《中华人民共和国药典》录，莲植株器官中的莲子心、莲须、莲房、荷叶都可入药，药性各不相同。

1. 莲子心

【性味与归经】苦，寒。归心、肾经。

【功能与主治】清心安神，交通心肾，涩精止血。用于热入心包，神昏谵语，心肾不交，失眠遗精，血热吐血。

2. 莲须

【性味与归经】甘、涩，平。归心、肾经。

【功能与主治】固肾涩精。用于遗精滑精，带下，尿频。

3. 莲房

【性味与归经】苦、涩，温。归肝经。

【功能与主治】化瘀止血。用于崩漏，尿血，痔疮出血，产后瘀阻，恶露不尽。

4. 荷叶

【性味与归经】苦，平。归肝、脾、胃经。

【功能与主治】清暑化湿，升发清阳，凉血止血。用于暑热烦渴，暑湿泄泻，脾虚泄泻，血热吐衄，便血崩漏。荷叶炭收涩化瘀止血。用于出血症和产后血晕。

第四节　金华莲子产业发展现状与前景

一、发展现状

近年来，金华市武义县积极探索，在宣莲产业规模、品牌建设、技术推广等各方面统筹谋划，取得了一定成效。

1. 强化基地建设扶持，产业规模效益不断提高

实施万亩宣莲基地计划，每年安排 100 万元资金用于扶持宣莲产业发展。用于新发展莲子加工机械、品种引进、实验研究等的补助，有效促进农户种植积极性，规模不断扩大，截至 2022 年底，全县种植面积在 1.2 万亩左右，年产值达 6 500 万元以上。

2. 强化技术难题攻关，种植水平不断提升

积极与国内产、学、研单位合作，建立良好的技术合作平台。与福建省建宁莲子研究所、北京科威尔科技有限公司等单位在柳城镇江下村、全塘口村、前湾村、青坑村等村建立试验示范基地，共同研究开展莲子腐败病防治、食根金花虫、莲子潜根线虫、综合应用病虫害统防统治、连作障碍难题等技术攻关。积极组织农户进行课堂和现场培训，提升农户种植水平，累计组织培训 1 450 多人次。

3. 强化科技支撑，有机绿色品质不断提升

推广"莲沼畜"结合种养模式，推动循环发展绿色农业产业。在坦洪塘齐、桃溪锦平、柳城县后等宣莲生产基地实施"莲沼畜"结合种养模式 200 多亩。推进无公害、绿色、有机生产基地和产品的认证工作，对首次获得有机认证的主体每亩补助 500 ～ 600 元。积极引进较成熟的各种加工机械，降低劳动成本，引进莲子加工一体机、烘干机、通芯机、二次剥皮机及脱粒机等。推广杀虫灯等绿色生产措施。通过推广绿色高效莲子生产模式，不断改进加工技术，改进品质。武义牛头山农业开发有限公司、云溪农产品专业合作社、坦洪莲子专业合作社等 12 家经营主体的宣莲通过有机、绿色、无公害认证。因品质保证，宣莲市场也由原先的以金华、浙江为主，逐步扩大到北京、上海、广州等一线城市。

4. 强化品牌营销，宣莲品牌影响力不断扩大

根据《农产品地理标志登记管理办法》，武义县及时划定"武义宣莲"地理标志区域保护范围 [生产地域范围为浙江省武义县所辖柳城畲族镇、桃溪镇、西联乡、坦洪乡等 18 个乡镇（街道）和 1 个温泉度假区，共计 348 个行政村（调整前）。保护地域总面积约 5.0 万亩]。多年来，武义宣莲因其产品品质优势，先后获得了浙江省果蔬精品展销会金奖、浙江省优质农产品银奖、金华市优质农产品金奖及第十届金华华东农业科技新成果展示交易会市民最喜爱的农产品等奖项和荣誉称号 10 多项。2018 年，"武义宣莲"被评定为浙江省优秀农产品区域公用品牌最具历史价值十强品牌。2018 年，"武义宣莲"通过国家地理标志保护农产品认证。2019 年，柳城镇被评为"武义宣莲"特色农业强镇；"武义宣莲"入选全国乡村特色农产品目录。

5. 强化融合发展，"种植＋旅游"产业链不断升级

积极推进宣莲生产与旅游深度融合，开展"种植＋旅游"产业链建设（图10-3）。近年来，建设柳城畲族镇江下村浙江省少数民族特色山寨；完成武义十里荷花物种园景观改造，引进荷花品种800多种；建设西联乡马口村100多亩莲子基地的观光长廊。通过举办宣莲节、畲乡文化节、户外旅游活动等，把赏花、莲子采摘与旅游活动有机结合起来，丰富活动内容，促进旅游产业发展。2013年十里荷花物种园获中国农业部、农产品加工局"中国美丽田园"称号，2018年浙江省农业农村厅等部门推介柳城十里荷花物种园入围"休闲农业精品线路"之一，武义"十里荷花-江下村"被评定为AAA级国家旅游景区，西联乡马口宣莲基地成为乡村振兴户外旅游产业园。

图 10-3 乡村振兴荷花旅游基地

二、发展前景

1. 莲子产业链延长潜力大

武义宣莲的种植历经千年不断，表明了人们对其需求的广泛。莲子既可以食用，又可以药用。以宣莲为原材料制作的小吃、菜肴、汤点众多，小吃类如莲子糕、冰山雪莲，菜肴类如雪山莲茸、鸡莲肚、宣莲炖猪肚、宣莲炖鸡汤、拔丝莲子、五彩莲子等，汤点类如冰糖莲子、宣莲桂圆红枣汤、宣莲薏米汤、银耳莲子羹、银耳莲子汤、葵花莲子等（图10-4）。此外，宣莲还可制成饮品，如莲芯茶，这也是当地农民夏日常喝的避暑茶，其养生功效已经得到市场的广泛认可。

图 10-4　莲子荷花宴

2. "武义宣莲"品牌的关注度较高，能有效促进产业进一步发展

社会对"武义宣莲"品牌的关注度较高，在 2005 年、2014 年分别出现了当地个人和省外企业抢注"宣莲"商标的事件。事件发生后，当地部门都第一时间做出回应，同时向上级部门申请商标注册无效。目前武义有莲农 2 000 多户、宣莲 12 000 亩，柳城镇有约 70% 以上的人从事与宣莲产业相关的工作，当地已有集"种植 + 加工 + 销售"为一体的莲子区域龙头企业，已经形成了一个宣莲产业链。随着宣莲产业与文化旅游的结合日渐深入，依靠这小小宣莲，农民的收入也增长了 15% 以上。

3. 莲子是促进产业农旅融合深度开发优势要素

莲子在文人墨客笔下也出现不少，如南北朝时《西洲曲》"低头弄莲子，莲子清如水"、宋代黄庭坚《邹松滋寄苦竹泉橙麹莲子汤三首》等，《红楼梦》《儒林外史》等古典名著中也提到过莲子。今天，宣莲文化已经和旅游相结合，当地十里荷花物种园景区是 AAA 级景区，种植宣莲 5 000 余亩，赏荷观景连绵十余里，形成"小小田园集天下名莲，株株名荷任游客尽赏"的美丽景观，并辟有观荷亭、清风亭和重修的千年古塔莱峰塔以及廉政文化长廊、莲文化长廊、荷花仙子塑像等景点，通过农旅融合深度开发，发展旅游带动宣莲文化扩大传播和影响，促进产业进一步发展。

4. 扎实产业基础为进一步推动产业升级创造条件

宣莲文化基因具有较强的转化能力，既可融入小吃、菜肴、汤点等各色食谱，还可融入药用，莲蓬等副产品还可制成工艺品售卖，甚至有企业开发莲子酒等新产品。政府政策也大力支持宣莲产业的发展。武义通过引进选育优良种、动员农户连片种植，产量和效益获得大幅提升。长期以来受科技和品种限制，武义宣莲产量低、抗病力弱、产业一直在低产低效区间徘徊的状况有了很大改善。2019 年 5 月 24 日，武义县供销合作社联合社成立了宣莲产业分会，吸纳县域内宣莲种植企业、农民合作社、家庭农场、种植农户等经营主体及部分宣莲产业的技术提供者、服务者，共同搭建合作平台，为推进武义宣莲产业规模化、品牌化发展打下基础。

第五节 莲特色栽培技术

一、品种选择与莲田准备

选择适应性广、熟期早、出花量高、莲蓬大、籽粒多、结实率高、耐高温、品质好、抗病性强的优良品种宣芙蓉、十里荷 1 号、建选 17 号、太空莲 36 号系列、建选 31 号等。

选择水源充足、排灌方便、避风向阳、土层深厚、肥力较高、pH 5 ～ 7.2 的黏质田、重壤质田。冬季深翻 22 ～ 25 厘米，晒垡培肥。栽前 7 ～ 10 天灌水，并进行第二次翻耕、整地。

二、适时种植

3 月中下旬，日均气温回升到生物学温度 12℃以上即可露地移栽种藕（图 10-5）。若提早移栽，用地膜小拱棚覆盖增温。种藕应选择藕头饱满、顶芽完整，主藕有 2 ～ 3 节，色泽鲜亮，无病虫能保持品种特征特性的。随挖、随运、随种。种藕密度在 1 800 ～ 2 500 株/公顷（120 ～ 150 穴/亩）。每穴栽种 1 ～ 3 株，约 5 平方米一穴均匀分布。行株距为（1.5 ～ 2.0）米 ×（3.0 ～ 2.5）米。发现断垄缺株，及时补苗。补苗宜选择阴雨天或晴天下午 4 时后移栽。当立叶长到离田边约 1 米时，及时转藕头。转藕头以晴天下午为好。先挖好种植沟，然后起出近端立叶弯转莲鞭栽种。

图 10-5　种藕

三、田间管理

1. 施肥管理

以有机肥为主、化肥为辅。追肥掌握"早施立叶肥、稳施始花肥、重施花蓬肥、补施后劲肥"和少量多次的原则。以农家肥作基肥，在种藕移栽前 7 ~ 10 天随机耕深翻入土，用量 37 500 ~ 450 000 千克/公顷。耙面肥在移栽前清除杂草，施耙面肥后耙平田面，可施钙镁磷肥 750 千克/公顷、氯化钾（硫酸钾）150 千克/公顷、碳酸氢铵 450 千克/公顷、硼砂 15 千克/公顷，缺锌地区加施硫酸锌 22.5 千克/公顷。苗肥在子莲长出第 1 片立叶时，施用尿素 37.5 ~ 45 千克/公顷。始花肥在子莲长出第 3 片立叶时，施用三元复合肥 225 ~ 300 千克/公顷。在子莲开花结实高峰期，重视花果肥的施用。子莲长出第 5 片立叶，进入开花旺期，重施花果肥，用量 450 ~ 600 千克/公顷；以后每隔 15 天左右施 1 次花果肥，每次施用三元复合肥 150 ~ 225 千克/公顷，全田撒施。根外追肥在花果期叶面喷施 1% 磷酸二氢钾，每月 1 次。

2. 水分管理

在子莲生长前期，冷暖交错，以水调温，低温时灌水护苗。前期（浮叶期）气温低，水深 3 ~ 5 厘米浅水促苗。气温升高时，逐渐加深水位，最高气温达 30℃以上时保持水深 10 ~ 15 厘米。抽生终止叶后，水位降到 3 ~ 5 厘米，以利种藕膨大。

莲田灌水要防止串灌以免肥水流失和病菌传播。稻、莲混栽区要防止施用过除草剂的稻田水流入莲田。

3. 防除杂草

莲田人工除草主要在封行前进行（图10-6）。种藕栽植后保持田间 3～5 厘米浅水，抑制杂草生长；田间土壤露出水面 1～2 天，即会促进杂草萌发。除苔宜用波尔多液，每公顷莲田用硫酸铜和生石灰各 3.75 千克加水 750 千克喷洒。灭萍每公顷莲田用新鲜熟石灰 750～900 千克，待露水干后在荷叶下撒施。

图 10-6　人工除草

4. 摘叶保叶

当栽种或发苗后 1 个月左右，抽生第 1～2 片立叶时，浮叶逐渐枯萎后应及时摘除，使阳光透入水中提高土温。7 月中旬至 8 月中旬，当莲田花叶繁茂密闭影响通风透光时，应分期摘除无花衰老立叶。采摘莲蓬时随手摘除上一节位上的荷叶。直到 8 月下旬之后气温下降，生长变慢，应停止摘叶以利籽粒饱满和新藕的形成。适当保持较密的莲叶群体，可提高其抗风防倒伏能力。

5. 病虫害防治

坚持"预防为主，综合防治"的综防方针。坚持"以农业防治、物理防治、生物防治为主，化学防治为辅"的无害化防控原则。

（1）农业防治。选用无病种藕，重视种藕消毒，实行合理轮作、测土平衡施肥，增施充分腐熟的有机肥、磷肥、钾肥，减少化学氮肥用量；清洁园田，发病初期剪除病叶，或拔除病株，消灭病源。

（2）物理防治。主要针对斜纹夜蛾在幼虫 1～2 龄时，捕杀卵块和幼虫，宜人工摘除虫叶。摘除虫叶踩入田土深层灭杀幼虫。

（3）生物防治。性诱剂主要针对斜纹夜蛾越冬代成虫发生初期，每公顷莲田设置 15 个斜纹夜蛾专用诱捕器。诱捕器底部距离荷叶顶部 20～30 厘米，隔 30 天左右更换诱芯 1 次。

（4）微生物防治。针对性选用阿维菌素、苏云金杆菌等微生物农药防治斜纹夜蛾幼虫。

（5）水生动物防治。可以利用泥鳅、黄鳝等捕食性天敌防治食根金花虫。

（6）化学防治。主要针对莲藕腐败病、叶枯病和褐斑病，以及斜纹夜蛾、莲缢管蚜、莲潜叶摇蚊、食根金花虫等病虫害。农药使用应符合《中华人民共和国农药管理条例》相关规定。

6. 宿根莲栽培管理

连作莲田越冬，要求冬季灌水，整个冬季至翌年初春，一直保持 5 ~ 8 厘米水位。清理莲田残枝败叶，于 1 月下旬至 3 月上旬，割去水面以上枯枝枯叶，带出田外销毁。控制密度每 9 平方米莲田留 1 平方米宿根莲，要求田间分布均匀。去鞭在 4 月中旬 2 叶期，田间保留 3 ~ 5 厘米水位，清理定位范围以外的所有莲鞭及立叶；隔 7 天再清理 1 次，保留扩大到 4 平方米。定位期施肥需要每清理 1 次莲鞭，施 1 次肥。第 1 次，在定位范围施 1 次尿素，30 ~ 50 克/米^2；第 2 次，全田撒施三元复合肥，150 ~ 200 千克/公顷。初花期后的田间管理与新莲田同。

四、采摘与加工

1. 采摘

子莲采收期为 7 月上旬至 10 月中旬。莲蓬正面变成褐色、莲子与莲蓬孔格间稍有分离、莲子外果皮呈茶褐色、挖出蓬内壳为黄褐色时即可采摘（图 10-7）。采摘应选择在上午 9 时前进行，当天采摘当天加工。暑前莲每 2 天采摘 1 次；伏莲每天采摘 1 次；秋莲每 2 天采摘 1 次；9 月下旬以后，每 3 ~ 4 天采摘 1 次。

图 10-7 采摘

2. 加工

精细加工共有挖莆、剥壳、去皮、捅芯、漂洗、微晒、烘焙、筛选 8 道工序。在莲蓬采摘后进行挖莆脱粒，去除乌莲、嫩莲、病莲，减少瘪粒与荫子。

加工有机械和手工两种方式，目前挖莆、剥壳、去皮、捅芯、漂洗、微晒、烘焙等都有相应的机械设备加工（图10-8）。

下面详细介绍一下手工方式。手工方式在挖莆后进行。

（1）剥壳。剥壳即剥除莲子外种皮，要选用割壳刀。刀口、刀槽要校准至与莲壳厚薄相似，割时用力均匀，做到壳能褪、肉不伤。

（2）去皮。在剥壳后，剥除种衣。如内果皮（种衣）去除不完全，烘焙后呈淡红色，商品性差。

图10-8　机械剥壳、去皮

（3）捅芯。要选用长10～12厘米、粗0.2毫米的小竹签或10#不锈钢丝，对准莲子底部中心凸出部位向前捅（图10-9）。捅芯要快，将莲芯去除干净，不能捅破莲肉成破莲肉。

（4）漂洗。在捅芯后，用洁净的自来水漂洗3～5分钟后沥干。

图10-9　人工捅芯

（5）微晒。将洗净漂洗沥干后的鲜肉莲，均匀地摊在洁净的竹筛上，置于太阳下微晒（图10-10）。以肉莲表面水分变干、莲肉稍有皱缩为宜。

（6）烘焙。将莲子放在专用烘焙筛内，再放在烘灶上用明炭火烘烤，掌握好烘烤火力，120～130℃烘烤15～20分钟，要求不断地搓翻莲子，使莲子受热均匀，湿燥无差，然后逐渐降低温度到90～70℃直至烘干。采用边烘边晒的"烘晒结合"的方法，利于莲子干透。

（7）筛选。待莲子完全干燥摊凉后，将瘪粒、碎破莲、焦莲、实芯莲等劣质子莲择净，再用洁净的铁箱或密封塑料袋装好保存，防止受潮霉变。

图10-10　微晒

第十一章 金线莲

第一节 金线莲道地性考证

　　金线莲（又名金线兰）为兰科开唇兰属多年生草本植物，在我国主要分布在亚热带地区，主产于福建、浙江、台湾、江西、广东、广西等地，其株型小巧，叶形优美，叶脉金黄色、呈网状排列，是极具观赏价值的室内观叶植物。虽然历代本草古籍对金线莲的药用记载较少，但在闽台地区，金线莲药用较为广泛，主要以全草入药，味甘、性平，具有清热凉血、除湿解毒的功效。现代药理研究也表明，金线莲药理活性确切，临床应用疗效好，且无毒副作用，使用安全，具有降血糖、降血脂、肝保护、抗炎、镇痛、利尿、镇静、降血压、抗氧化、改善骨质疏松等作用，得到市场高度重视。在系统查询古今文献的基础上，发现：金线莲的别名众多，叫法混杂；性味归经的记载差异较大；并没有对其名称、基源、性味、功效等进行统一归纳和规范化。

一、名称考证

金线莲主要基源植物为金线兰（*Anoectochilus roxburghii*），是兰科开唇兰属植物。在民间有金丝线、金耳环、鸟人参、金线虎头蕉、金线入骨消、金钱草、金线石松等美称。金线莲之名始载于明代永乐元年福建地方志《临汀志》内有"金线莲"列于花之属（今福建龙岩等地）；康熙五十八年（1719）《信丰县志》内有"金线莲"列于草之属（今江西赣州）；古籍内无植物相关具体描述。光绪十四年（1888）《台湾通志》载"金线莲……此内山妙药也，各志不载，附识于此，以上草之属"（今台湾省）；光绪十八年（1892）《苗栗县志》载"金线莲，叶有金线"（今台湾省苗栗县）；民国二十九年（1940）《德化县志》载"金线莲略似虎耳草，色绿纹黄如金线，生深林中，常被鸟啄，鹧鸪尤喜食之，故大者难得，治小儿惊风，移盆中足供清玩"（今福建德化县）。综上所述，金线莲由于其观赏和药用价值高，生长于高山内而常被人为不合理地采摘，导致资源匮乏，由此推断，金线莲详细记载最早见于《台湾通志》，其内明确记载了金线莲可药用并描述其鉴别特征："内山有金线莲，草生高山巅阴翳处，长寸许，茎红，叶仅两瓣，面深绿色起茸、有细纹、金色圆晕，背紫色。味淡，性凉，能退大热，并疗下血。此内山妙药也，各志不载，附识于此。"从生境看，其与现在药用的金线莲一般，生于高海拔林荫之下；从植株形态看，其与现在药用金线莲的幼小植株相仿。

中药别名众多，常常导致串名、混淆甚至混用。1975年《浙南本草新编》载："金线莲，又名金线虎头蕉，味淡，性微温，祛风湿，舒筋络，用于治疗风湿性关节炎。"。清乾隆三十年（1765）《本草拾遗》中载："虎头蕉，出福建、台湾五虎为佳，茎独上，叶抱茎生，不相对，形类蕉而小，苗高五六寸，秋时起茎，开花似兰，色红，结实有刺，类蓖麻子，外面苞状。若高三四尺者，又名美人蕉，系类二种也。治血淋，白带，一切吐血。"从植物的形态、性味、功能上看，《本草拾遗》所载的虎头蕉与现在药用的金线莲明显不是同一种植物。1922年《瀚堂近代报刊》载："8月27日，植物分类大师胡先骕至温州平阳顺溪发现虎头蕉贴地生，竹林本土阴处甚产之，叶紫色极美，尚未著花，闻能医风疾，未知信否。土人视为珍品，价颇昂贵。"通过实地调研发现，温州平阳金线莲民间叫作"虎头蕉"，植物特征描述也和金线兰性状极为相似，与《本草拾遗》存在同名异物现象，其功效也还有待进一步考证。

　　根据查阅各地本草及部分现代中药材文献记载发现，现有文献中记载金线莲别名众多，有金线兰、花叶开唇兰、金线虎头蕉、金石松、金丝线、鸟人参、金线入骨消、金钱草、金蚕、石松、树草莲、开唇兰、金线屈腰、金线蕨龙等别名，容易引起混淆，应尽可能避免使用。在民间金线莲有"金线莲公"和"金线莲母"之分，经郑纯等人鉴定，二者为同一种植物。不同历史时期金线莲别名及出处，见表11-1。

表11-1　不同文献记载的金线莲别名

出版年份	出处	别名
1960	《福建野生药用植物》	金钱草、金蚕（平和）、金石松（南靖）、金不换（南平）、金线莲（德化）
1970	《福建中草药》	鸟人参
1975	《全国中草药汇编》	金石松、金蚕、少年红、树草莲、鸟人参、金线虎头蕉、金线入骨消
1975	《浙南本草新编》	金线虎头蕉、鸟人参、金线入骨消、金线莲、金蚕、金石松、树草莲
1979	《福建药物志》	金线莲（通称）、金钱草（平和）、金线石松（龙海）、鸟人参（闽东、福州）金石蚕（诏安）、少年红（上杭）
1979	《中药大辞典》	虎头蕉
1962	《闽东本草》	什鸡单、金线屈腰、金线蕨龙、金线虎头椒
1986	《广西药用植物名录》	金耳环、小叶金耳环（贺县）、金丝线（桂平县）、麻叶菜（鹿寨县）
1993	《浙江植物志》	花叶开唇兰（金线兰）、浙江开唇兰（浙江金线兰）
1999	《中华本草》	金丝线、金耳环（《广西药用植物名录》）、金线石松、金蚕、少年红、树草莲、鸟人参、金线虎头蕉、金线入骨消（《浙南本草新编》）、金线莲、金线石松、金蚕、少年红（《福建药物志》）、小叶金耳环、麻叶菜（广西）

二、基源考证

金线莲所属兰科开唇兰属植物均为地生兰，《中国植物志》记载有 40 余种，分布于亚洲热带地区至大洋洲，我国有 20 种、2 变种，产于西南部至南部。我国中草药种类丰富，国内各地药商所收购的金线莲主要为开唇兰属金线兰、台湾银线兰与高雄金线莲，此外还有浙江金线兰（*A. zhejiangensis*）、峨眉金线兰（*A. emeiensis*）、滇越金线兰（*A. chapaensis*）等，金线莲与血叶兰、斑叶兰、公石松等形态特征相似，易于混淆的种类较多，在市场上常常作为民间药材"金线莲"，使得大量的兰科近似物种常被掺杂充斥市场，造成鱼目混珠，一般的非专业人士很难辨认其真伪优劣，导致其开发和利用主要受制于品种繁多杂乱、种苗的离体快繁与栽培、病虫害防治以及新品种的培育等技术问题的攻关研究。我国台湾金线莲产业在发展早于大陆，近十年来福建、浙江、江西等地开始引种，产业迅速发展。

《中国植物志》《福建药物志》《浙江植物志》指金线莲为金线兰（*Anoectochilus roxburghii*，俗名花叶开唇兰）。原植物形态特征为多年生矮小草本；根状茎横卧；叶常 4～6 枚，互生，卵圆形，长 1.5～4 厘米，宽 1～3 厘米，先端急尖或短尖，基部圆形；叶面有光泽，黑紫色，有金黄色脉网；叶背面暗红色，主脉 3～7 条，弧形；叶柄长约 1 厘米，基部鞘状抱茎；总状花序顶生，有 2～5 朵花（图 11-1）。《中国本草原色图谱》载："金线兰 *A. formosanus* Hayata，植物特征为多年生草本单子叶植物，高 7～15 厘米，最高 20 余厘米，茎圆柱形，全草肉质，叶互生，平滑全缘，主脉 5，叶脉网状呈白金色而名……主要分布在台湾、琉球海拔山区润湿地。"从上述文献植物特征的描述来看，两者属开唇兰属内不同种植物，主要区别点为叶脉的颜色不同。在《中国植物志》出版之前，未对"金线莲"进行统一界定，因此此前出版的著作，如《中华本草》《全国中草药名鉴》等均将金线兰和台湾银线兰作为药材"金线莲"的基源植物。《福建省中药材标准》（2006 年版）载："除金线兰 *A. roxburghii* 外，该属做药用的还有台湾银线兰 *Anoectochilus formosanus* Hayata、浙江金线兰 *Anoectochilus zhejiangensis* Z. Wei et Y. B. Chang、峨眉金线兰 *Anoectochilus emeiensis* K. Y. Lang、恒春银线兰 *Anoectochilus koshunensis* Hayata，其中金线兰分布最广，储量相对较多，是福建、广东、广西、浙江等地习用品，而台湾金线莲 *A. formosanus*

和高雄金线莲 *A. koshunensis* 是台湾民间习用品，常与金线兰 *A. roxburghii* 混用；在云南文山地区滇越金线兰 *Anoectochilus chapaensis* Gagnep. 也作药用。"

图 11-1　金线莲原植物

综合以上考证，将开唇兰属中的金线兰（*Anoectochilus roxburghii*）、台湾银线兰（*Anoectochilus formosanus* Hayata）、浙江金线兰（*Anoectochilus Zhejiangensis*）、滇越金线兰（*Anoectochilus chapaensis*）、峨眉金线兰（*Anoectochilus emeiensis*）等几个种统称为"金线莲"，更具有规范性，减少临床上因药名混淆而导致误用的现象。

第二节　金线莲生物学特性与生长自然环境

一、金线莲生物学特性

金线莲，学名金线兰 *Anoectochilus roxburghii*，为陆生兰科植物，株高 8 ～ 18 厘米。根状茎匍匐，伸长，肉质，具节，节上生根。茎直立，肉质，圆柱形。叶片卵圆形或卵形，长 1.3 ～ 3.5 厘米，宽 0.8 ～ 3 厘米，上面暗紫色或黑紫色，具金红色带有绢丝光泽的美丽网脉，背面淡紫红色，先端近急尖或稍钝，基部近截形或圆形，骤狭成柄；叶柄长4～10毫米，基部扩大成抱茎的鞘。总状花序具2～6朵花，长3～5厘米；花序轴淡红色（图11-2）。

图11-2　金线莲（*Anoectochilus roxburghii*）叶片、花、整株形态学特征

人工栽培条件下，一般在蒴果采收后当年12月或翌年1月开始组培播种，经12～15个月组织培养成母苗，后经茎段培养4个月种植于大棚内。4月，金线莲生长速度明显加快，之后金线莲一直生长旺盛，株高、地径、鲜重都明显提高，株形优美，茎节明显，叶片呈椭圆形墨绿色，金黄色叶脉清晰可见。进入9月，金线莲生长速度明显变缓。9月，金线莲植株顶端出现花蕾；11月初，金线莲花苞开始绽放；11月中下旬花开完全，呈白色，花为总状花序，有1～6朵疏散的小花；11月底，花朵开始凋谢；12月上旬，金线莲经人工授粉开始结果；翌年1月中旬果实成熟，之后金线莲进入休眠期。

二、金线莲生长自然环境

金线莲分布于亚洲热带和亚热带地区，主要为中国、日本、印度、斯里兰卡、尼泊尔及东南亚各国。在我国主要分布于福建、浙江、江西、广东、广西、云南、贵州及台湾等地，其中以闽、浙、赣为主产地。金线莲不同基原植物野外生境相似，常分布于亚热带常绿阔叶林、阔针混交林及竹林的沟边、石壁以及土质松散的潮湿地带。

金线莲适生于温暖湿润的气流环境，要求年平均气温 18～21℃，空气相对湿度 70%～90%。海拔高度影响着植物种类的分布和蕴藏量，主要分布海拔在 200～1 200 米，低海拔常分布在山涧溪流两侧，高海拔一般为针阔叶混交林下阴湿、肥沃的环境。金线莲生长缓慢，种子极小、无胚乳，自身繁殖力低，需与某些菌根真菌共生才能萌发，植株营养生长和生殖生长都需要与特定菌根形成共生关系，才能完成生活史。

第三节　金线莲药理药效

一、性味归经考证

近些年，珍稀"药王"金线莲用于治疗糖尿病、高血压及肿瘤等疑难病症，疗效显著，引起医药界的广泛关注，被视为名贵药材，现依据中医基本理论从近现代本草著作及文献中考证金线莲的性味及功能主治。

1.性味

光绪十四年（1888）《台湾通志》载"金线莲，味淡、性凉"；2006 年《福建省中药材标准》载"金线莲味甘、性平"；1975 年《浙南本草新编》载"金线莲，味淡，性微温"；近代《全国中草药汇编》《中华本草》《福建药物志》《中药大辞典》（2014）载"金线莲味甘、性凉"。

综上可见，从古至今各地对金线莲性味功效的认识基本一致，金线莲味微甘、性凉，清热凉血，能退大热，治小儿惊风，近代则在清热凉血的基础上又多了除湿解毒、滋养强壮之用，民间治病防病不伤脾胃正气，较适合用于食疗保健。

2.功能主治

光绪十四年（1888）《台湾通志》中描述了金线莲"能退大热"。民国十六年（1927）《连江县志》载"金线莲治小儿冲病"；民国二十九年（1940）

《德化县志》载金线莲"治小儿惊风"；1960年《福建野生药用植物》载"是小儿良药，对退热消炎有特殊功效；又可治膀胱炎、遗精等症，也可制蛇药"；1962年《闽东本草》载"祛风气，舒筋，养血。治风气作痛，腰膝痹痛，小儿抽风"；1975年《浙南本草新编》载"祛风湿，舒筋络，用于治疗风湿性关节炎"。1978年《全国中草药汇编》载"金线莲，清热凉血，除湿解毒。用于治疗肺结核、咯血、糖尿病、膀胱炎、肾炎、重症肌无力等"；《药用植物学》载"金线莲，清凉退火、凉血固肺、祛伤解毒、开中气、滋养强壮，主治肺病、高血压、蛇伤、肾亏、小儿发育不良"；《中国本草原色图谱》载"具有解热、清火、降血压功能。主治肝脾病、肺痨病、遗精、遗漏诸病，兼治胸痛、胰痛、咳嗽、血虚、血热、吐血、肝火、小儿发育不良及毒蛇咬伤等"；《新华本草纲要》载"有凉血平肝、解毒的功能。用于咳血、糖尿病、肾炎、膀胱炎、小儿惊风、毒蛇咬伤"；《福建药物志》第二卷载"具有清热凉血、祛风利湿之功效。主治咳血、支气管炎、肾炎、膀胱炎、糖尿病、乳糜尿、血尿、风湿关节炎、小儿急惊风、毒蛇咬伤等，民间多用于高烧不退，惊风。"《中药辞海》（第二卷）载"清热凉血，除湿解毒。咳嗽咯血，糖尿病、肾病，膀胱炎，重症肌无力，类风湿性关节炎；毒蛇咬伤。内服，煎汤，外用捣敷"；《中华本草·卷24》载"功能凉血、除湿解毒。主治肺热咳血；肺结核咯血；尿血；小儿惊风；破伤风；肾炎；风湿痹痛；跌打损伤"；《中药大辞典》载"凉血祛风，除湿解毒，主治肺结核咯血，尿血，小儿惊风，破伤风，水肿，风湿痹痛"；《福建省中药材标准》中载其具有清热凉血、祛风除湿作用，用于肾炎、膀胱炎、糖尿病、支气管炎、风湿性关节炎、小儿急惊风等症。《福安畲医畲药》载，闽东畲族称其为"金线卧肖，具有祛风痹、风气、舒筋养血作用，主治风气作痛、腰膝痹痛、小儿抽风等"。

据现代研究及国内外医学专家研究证实，金线莲在浙南地区平阳、泰顺、景宁等地，金线莲民间中医常用其治疗风湿性与类风湿关节炎，疗效也较为明显，应用历史较久，几乎家喻户晓。婴儿刚生下来就用金线莲煮汤去胎毒，调肠胃；小孩子感冒或感染炎症时高烧不退、急惊风都用金线莲煮汤，可以快速地退烧定惊；碰到各类肝病、肾炎、膀胱炎、支气管炎也会用金线莲煮茶喝汤，然后把药渣吃掉，或者直接研末吞服进行消炎调理；日常调理保养常用金线莲与鸡、鸭、排骨、鸽子等肉一起烹调作为药膳。

二、金线莲主要功能成分

金线莲主要含黄酮类、黄酮苷类、糖苷类、三萜类、生物碱、挥发油以及微量元素等成分。到目前为止，已经在金线莲中鉴定出 4 种主要的黄酮类化合物：异鼠李素 -3-O- 新橙皮糖苷、异槲皮苷、槲皮素和异鼠李素。糖苷类化合物是金线莲中的主要活性化合物，目前已知存在于金线莲中的主要有金线莲苷等。有机酸和挥发性化合物主要成分有棕榈酸、硬脂酸、阿魏酸、琥珀酸、香草酸。三萜类主要有弗林蛋白、齐墩果酸、熊果酸。类固醇有菜油甾醇、麦角甾醇、羊毛甾醇、β- 谷甾醇、豆甾醇、2,4- 异丙烯基胆固醇和2,6- 甲基酪氨酸 -5。另外，从金线莲中也分离出具有抗 HIV 活性的内生真菌（*Epulorhiza* sp.），将真菌进行发酵培养，发现了 11 种单体化合物，其中3- 羧基吲哚被认为是抗 HIV 活性物质。另外一种化合物吡咯啉（1,2α）-3,6-二酮六氢吡嗪显示有抗心律失常作用。金线莲富含矿物质，大中量元素有钙、磷、镁、钠和钾，其中钾的含量最高，钠最低；微量元素有铁、钴、铜、锰、锌、钼和铬，铁含量最高，钴含量最低。现代研究表明，金线莲的微量元素、总氨基酸和 8 个必需氨基酸含量均高于人参和西洋参。

第四节　金线莲产业发展现状与前景

一、金线莲产业的发展现状

近年来，国内外市场对金线莲需求量不断上升，市场缺口逐年加大，仅韩国、日本年均需求量就达 1 000 吨以上，且 70% 依赖进口，因此金线莲的人工种植规模迅速扩大，成为我国发展较快的中药材之一。

据统计，我国台湾的金线莲产业起步较早，主要集中于台中、南投等地，生产单位包括企业、合作社和农场，大陆的金线莲人工栽培主要集中在福建、浙江、广东、云南等地，其他如广西、江西、贵州、江苏、湖北、安徽等地也有种植，2014 年，全国金线莲出苗量约 15 亿株，年产金线莲鲜品 2 500 吨，年产值达 30 亿元，其中南靖、永安年产值突破 5 亿元。金线莲产业在规模不断扩大的同时，由于缺乏相关质量标准和严格的质量控制和检测指标，也出现了市场上产品质量参差不齐、以次充好、售假掺假的现象。2006 年，福建省制定金线莲中药材标准，2012 年又制定金线莲中药饮片炮制规范，2018 年安徽、贵州等地也相继制定金线莲相关标准，产业组织结构处于不断优化的状态。

随着福建、安徽、贵州等地陆续将金线莲列入中药材标准和炮制规范目录，近年来，金线莲栽培规模迅速扩大。但目前，在很多地方尚未进入省炮制规范目录和相关食品标准，只能作为初级农产品进行销售，严重制约着全省产业的规模化发展。

2022 年，浙江省金线莲生产面积 2 000 多亩，其中组培繁育企业有 7 家，出苗种苗量 2 亿余株，初步形成了金华、杭州、温州、台州等产业集聚区。生产模式主要为设施栽培和林下仿野生栽培，其中设施栽培 300 多亩，亩产鲜品 180 ～ 210 千克，产干药材 19.5 千克/亩；林下仿野生栽培面积 1 568 亩，亩产鲜品 80 ～ 100 千克，产干药材 12 千克/亩。

二、金线莲产业的发展前景

近年来，全国金线莲不仅供药用，还常被用作药膳食材。市场上销售的金线莲产品，主要来源于人工栽培。作为金线莲产业链的基础环节，金线莲人工栽培技术经过近几年的发展已逐渐规模化，全国大多都是采用组培材料为原料药材。

据文献记载，金线莲主产福建、台湾等地，浙江也是主要产地之一，其野生种质资源主要分布在温州平阳、丽水遂昌等地区，全国规模供应种植主体偏少，仿野生栽培基地主要分布于金华、杭州、温州等地。由于林下仿野生栽培的技术条件要求高，生长条件苛刻，导致产量水平低，另外由于金线莲产品质量标准缺失，市场上产品质量参差不齐，存在以次充好、售假掺假的现象，缺乏严格的量化质量控制和检测指标，部分不法商家甚至将组培瓶苗直接投放市场，造成了销售市场混乱、优质产品供不应求，这些都极大制约了金线莲产业的持续健康发展。

第五节　金线莲栽培技术

一、金线莲种苗繁育技术

金线莲基原植物蒴果（图 11-3）长卵形，褐色，内含有大量的种子，种子极为细小，由未成熟的椭圆形胚及种皮细胞构成，只有在真菌共生情况下，才能促进种子萌发，但发芽率很低。而以传统的分根和扦插方式繁殖，则需

图 11-3　金线莲蒴果

时长且繁殖倍数不高，很难形成规模。金线莲基源植物种苗繁育技术研究始于 20 世纪 80 年代，目前组培主要有种子无菌培养、离体快繁等形式。

（一）种子无菌培养

采集未开裂的成熟蒴果，自来水冲洗干净后，用 75% 乙醇棉擦拭果皮，再置 10% 次氯酸钠溶液中浸泡 10 ～ 12 分钟，用无菌水冲洗 5 ～ 6 次，然后用解剖针将消毒后的蒴果纵向剖成两半，镊子夹取少量种子，撒入培养基中。种子萌发形成原球茎后，原球茎可以直接发育成幼苗，也可以由原球茎产生愈伤组织，再由愈伤组织发育成类原球茎而分化成幼苗。

一般情况下，种子接种在培养基上 1 ～ 2 周后，种子吸水膨大，种胚突破种皮，出现表皮毛，4 ～ 5 周时，可见白色原球茎，并于部分原球茎顶端出现分生组织，6 周后，原球茎继续生长，表皮毛数量和长度也相应增加，并开始出现第一片叶的形态，持续至 10 ～ 12 周，形成具有 1 ～ 2 片小叶的幼苗。

此外，授粉类型对金线莲种子萌发影响较大，异株异花授粉所得的种子的萌发率最高，种子的萌发率随冷藏时间的延长而降低，使用次氯酸钠浸泡后的种子与对照相比，其萌发率无明显差异。

（二）离体快繁

1.外植体选择与消毒

选取优株茎段作为外植体，先去除根、叶部分，流水冲洗 30 分钟洗净，再把叶鞘及顶外叶削掉，注意不要伤及腋芽。然后在超净工作台上用 75% 乙醇消毒 30 秒，再用 0.1% 升汞消毒 8 ～ 10 分钟，最后用无菌水清洗 5 次备用（图 11-4）。

图 11-4　组培接种

2.启动培养

将消毒好的材料切成带芽茎段和顶芽，平铺于 1/2MS 培养基 +6- 苄氨基嘌呤 2 ～ 3 毫克/升 + 萘乙酸 0.5 毫克/升的培养基上，直接诱导腋芽发育以保证无性系的稳定性。经过 20 天左右的培养，外植体可诱导出丛芽，并以中部茎段诱导出的丛芽数最多。

3.增殖培养

采用金线莲"茎段组培一步成苗法"（图 11-5），将启动培养阶段诱导出的丛芽，转接至 MS 培养基 +6- 苄氨基嘌呤 1 ～ 2 毫克/升 + 萘乙酸 0.2 ～ 0.5 毫克/升的增殖培养基中。增殖前期激素浓度可稍高些，使之继续以丛芽状态增殖，待

图 11-5　金线莲"茎段组培一步成苗法"

基数增长起来后再逐渐降低激素浓度，使其形态上更接近于壮苗。

4. 壮苗生根

金线莲的生根诱导比较容易，而在生根培养过程中，在培养基中附加一定比例的香蕉和马铃薯的提取物，对壮苗及生根有明显的促进作用。此阶段培养基配方推荐使用 1/2MS 培养基 + 萘乙酸 0.5 毫克/升 +0.2% 活性炭 +10% 香蕉或土豆泥。金线莲组培苗如图 11-6 所示。

图 11-6　金线莲组培苗

5. 炼苗

通过一定的自然光培养，使组培苗粗壮，木质化程度增强，从而提高栽培成活率，移栽前将组培室生产的瓶苗移至炼苗棚苗床上，进行驯化炼苗 15 ~ 30 天，利用遮光率为 80% 的遮阳网双层遮阴，温度为 20 ~ 28℃（图 11-7）。

图 11-7　大棚炼苗

6. 清洗、移栽

用镊子将金线莲组培苗从培养瓶中取出，洗去基部培养基后移栽到基质中。按比例配制基质，控制温度 25℃ ±2℃，相对湿度前期 60% ~ 80%，以后逐渐降低湿度。

7. 种苗标准

结合生产实践经验和金线莲植物本身特性，一般采用根数、叶片数、株高和茎粗作为金线莲种苗分级指标。具体分级如表 11-2 所示。

表 11-2　金线莲种苗质量等级标准

项目	指标	
	合格苗	优质苗
性状	生长健壮、无污染、无烂茎、烂根	
根数 / 条	≥ 3	≥ 4
叶片数 / 片	≥ 3	≥ 4
株高 / 厘米	≥ 6.0	≥ 7.6
茎粗 / 毫米	≥ 2.0	≥ 2.7
整齐度	基本均匀	均匀
检疫对象	不应检出	不应检出

二、金线莲种植技术

金线莲栽培场地宜选择水源好、通风、透气、排水好的地块，要求无污染源，空气流动性好，交通便利。环境空气符合 GB 3095—2012《环境空气质量标准》规定的二级标准；农田灌溉水质符合 GB 5084—2021《农田灌溉水质标准》规定的旱作农田灌溉水质标准；土壤环境符合 GB 15618—2018《土壤环境质量·农用地土壤污染风险管控标准（试行）》的规定标准；农药符合 NY/T 393—2020《绿色食品　农药使用准则》规定的标准；肥料符合 NY/T 496—2010《肥料合理使用准则　通则》规定的标准。目前，金线莲的种植方式主要有设施栽培（立体式、单筐套袋式、简易大棚）、林下原生态栽培等（图 11-8）。

a. 设施立体栽培；b. 单筐套袋式栽培；c. 简易大棚栽培；d. 林下原生态栽培

图 11-8　不同栽培模式

（一）设施栽培

　　金线莲设施栽培（种植大棚）一般可分为 3 类，玻璃温室大棚、连栋钢管大棚和简易大棚。搭建大棚前应清除四周的杂草及废弃物，集中烧毁，同时撒施生石灰进行消毒。大棚走向因地形而异，一般以南北走向为宜。

　　玻璃温室大棚和连栋钢管大棚棚顶及四周先覆盖薄膜再盖遮阳网，便于人工控制棚内温度、光照、湿度，大棚内安装风机、水帘系统及微喷灌系统。

　　简易大棚一般用毛竹进行搭建，棚顶及四周覆盖薄膜和遮阳网，有条件的安装微喷灌系统，棚的四周应挖排水沟，以利排水。在种植前需对组培苗进行炼苗，以增强组培苗对大棚环境的适应性，促使其从异养向自养转化，提高移栽成活率。浙江地区移栽时间以每年 3—4 月为宜，福建、广西等地通常一年种植两季，第一季 3 月初移栽，第二季 9 月初移栽，移栽时宜浅忌深，以第一条根接触基质为宜。

1. 栽培形式

设施栽培根据栽培形式不同可分为立体栽培和套袋式栽培两种类型。

（1）立体栽培。立体栽培是在不影响平面栽培的条件下，通过四周竖立起来的柱形栽培或者以搭架、吊挂形式按垂直梯度分层栽培，向空间发展，充分利用空间和太阳能，以提高土地利用率3～5倍，可提高单位面积产量2～3倍。目前主要有移动式、立体式及简易式等苗床架立体栽培模式。

（2）单筐套袋式栽培。单筐套袋式栽培模式是近年来新兴的一种栽培方式，由透气装置、塑料薄膜、不锈钢骨架以及种植筐构成。种植筐通过透气装置实现与外界的气体和水分的交换，高温干旱季节，通过水帘、风机、喷灌等设施对周边环境进行降温增湿，从而调节套袋种植筐内的环境。单筐套袋式栽培模式机动灵活，可操作性强，既适合企业大规模种植，又适合合作社、农户小规模种植。

2. 栽培基质

金线莲宜在微酸基质条件下生根，栽培基质要求疏松透气、保湿性和排水性较好。一般采用泥炭：花生壳（粉碎状）：珍珠岩=8：1：1（体积比）作为栽培基质。

3. 组培苗选择及炼苗

选择合格的金线莲组培苗，并进行适应性炼苗，以增强组培苗移出瓶后对大棚环境的适应性，促使其从异养向自养转化过渡，提高移栽成活率。炼苗大棚温度一般不要超过35℃，如果温度太高，金线莲叶片会因为脱水变成灰褐色，萎蔫。炼苗时间一般春秋在30天左右，冬季在50天左右。

4. 移栽后的养护管理

（1）光照。金线莲喜欢散射光短时照射，其适宜光照强度一般为1500～2000勒克斯，种植前期光照强度低一点，后期可适当加强。光线太强会使叶片褪绿影响产品质量，且不利于植株生长，影响成活。

（2）水分。刚种植时，大棚内空气相对湿度应控制在85%～90%；成活后，相对湿度应控制在75%～85%。保持基质湿润，但不能过湿，以免引起烂根、烂茎。给金线莲浇水应在早上进行；中午、下午和棚内温度较高时，浇水会灼伤植株。雨季来临前，要及时清理大棚外的沟渠，以免雨水倒灌或渗入大棚。

（3）温度。金线莲最适生长温度在 23℃左右。当气温超过 30℃或低于 15℃时，植株生长会受到抑制；当气温长时间超过 35℃时，植株会因蒸腾失水严重而死亡。因此，在高温季节，应同时打开水帘降温和开动风机抽风，以降低大棚内的温度和保持较高的湿度，有利于金线莲的生长。

5. 施肥

金线莲组培苗在种植 20 天后，部分根的根尖处开始长出新根，此时可以施肥。前期以每周喷叶面肥或淋水肥 1 次，如磷酸二氢钾、尿素、高钾型叶面肥等，施用浓度为 0.1% ～ 0.3%。后期为保证品质，以腐植酸肥、有机肥为主。以喷洒到植株叶面上有水雾为宜。在整个生长周期中，可喷洒芸苔素 3 ～ 4 次。采收前 1 个月停止施肥。

（二）林下原生态栽培模式

中药材林下原生态栽培是指根据药用植物生长发育习性及其对生态环境的要求，以林地资源为依托，利用林木枝叶适当的遮阴效果，形成有利于药用植物生长环境的一种仿野生栽培模式。中药材林下原生态栽培不与粮食争良田，不与林木争林地，充分利用林地空间，有效地解决了中药材生产的土地问题。根据栽培形式，此模式分为林下原地栽培和林下立体栽培两种类型，还有一种简易的林下种植方法。

1. 林下原地栽培

种植前，清除林分中的老枝、病枝、弱枝和机械损伤枝，并清理杂草、杂灌等杂物，在林木之间铺设一层遮阳网，使遮阳度为 70% ～ 80%。对选取的场地进行平整，去除大石块、树枝，开沟作畦，畦宽 120 厘米左右、高 15 ～ 20 厘米，长度根据地块而定，开好畦沟、围沟，以雨后地块无积水为宜，种植地四周配备相应的鸟害、鼠害防护设施。金线莲林下原地栽种植床易滋生杂草，应及时清除，并定期清理遮阳网上的枯枝落叶。种植基地应派专人看护，或安置监控设备及报警系统，以防盗窃事件发生。

（1）林地选择。金线莲为阴生植物，林下仿野生栽培应选择阴湿、凉爽、弱光、水湿条件优越的林地、疏林地或灌木林地，海拔 200 ～ 1 000 米，植被类型为常绿阔叶林、针阔混交林或毛竹林。种植地坡度应小于 30°，以东坡、东北坡为佳。土壤类型为红壤或黄红壤，土壤pH 6.0～6.5，郁闭度0.7～0.8，腐殖质层3厘米以上，有机质含量大于等于4%，有充足的无污染天然水源。在华东地区，林下原地栽培常种于杉木、杂木林或竹林下（图11-9）。

a. 杂木林下；b. 杉木林下

图11-9　林下原地栽培

（2）**林地整理。** 在林下沿等高线顺地形整畦，深翻20厘米，挑除畦内树枝、树根，细致整地，畦宽60～100厘米，畦高25厘米，畦面稍微倾斜，避免积水，畦边开设排水沟，沟深20厘米。

（3）**移栽。** 移栽苗要求无病虫害，叶片舒展，色泽正常，移栽前基部的培养基用清水漂洗干净，整齐排放在塑料筛里，用0.05%高锰酸钾溶液浸泡1～2分钟，然后用清水漂洗。移栽时基质保持湿润疏松。移植深度为第一条气生根根尖刚好触及基质，栽植密度500～600株/米^2，移植后及时遮阴、保湿。

（4）**温湿度、光照管理。** 栽后20天内，培养环境空气湿度保持在80%～95%；栽植20天后，空气湿度保持在80%～90%，基质含水量以用手紧握刚好可以挤出水来为宜。温度保持在20～30℃，遇到高温和低温天气，进行人工升降温调节。光照强度1 500～2 000勒克斯，可用遮阳网调节。

（5）**肥水管理。** 肥料以腐植酸肥、有机肥为主，市场上主要有植物氨基酸、蔬果鲜、丰叶宝等。成活前根外施肥一般用植物氨基酸1 000倍液喷施，成活后用植物氨基酸400～600倍液、丰叶宝600倍液、蔬果鲜600倍液轮流喷施，追肥可用根部营养液600倍液淋灌。稀释肥料用的水应是干净无污染的清水。栽植30天内，每10天进行1次根外施肥；30天后，每10天根外施肥1次，每15天浇肥1次，采收前15天停止施肥。

2. 林下立体栽培

林下立体栽培是指将不同生理特性的植物在同一林地按不同的空间进行优化组合，提高了对土地、光能等自然资源的利用率。金线莲林下立体栽培一般可分为两类，林下搭架栽培和林下悬挂栽培。林下搭架栽培一般选择常绿阔叶林、针阔混交林或毛竹林，通过遮阳网使遮阴度达到70%～80%，在林下用毛竹搭建50～70厘米的架子，将移栽好的穴盆或种植筐摆放在架子上。将尼龙网兜悬挂于树上，将移栽好的穴盆或种植筐摆放在网兜内。林下立体栽培的栽培基质、移栽方法、肥水管理、病虫害防治等与林下原地栽培相类似，且通风性、排水性较好。此外林下悬挂栽培能较好地预防鸟兽为害。

3. 简易的金线莲林下种植方法

金华荆龙生物科技有限公司自主开发了一种较简易的金线莲林下原地种植方法，具体方法如下。

（1）金线莲林下起垄方式。（图11-10）。金线莲林下种植垄长6～10米，垄宽0.8～1.2米，垄高20～30厘米，垄间开设排水沟，以便于雨季排水。沟宽30厘米、深20～30厘米。垄过长不利于冬季覆盖小拱棚的空气流通，影响通风透气；垄过短则栽培面积减少，进而增加相应成本。垄宽依个人操作需要而定。

图11-10　林下起垄方式

（2）金线莲宽行稀植模式。金线莲林下采用单株宽行稀植模式种植，株行距以5厘米×10厘米为宜。稀植模式减少了病虫害的流行发生并改善植株间透光率。由于金线莲匍匐生长，茎节上生根，故采用倾斜45°种植，有利于节茎气生根生长，提早入土吸收土壤中水分与养分，以促进地上部分长势。

（3）金线莲定植后管理措施。金线莲定植后浇定根水，定根水中可加入微生物药剂预防金线莲苗期常发生的白绢病、疫病、灰霉病等。定植后7～10天为缓苗期。前7天苗床间湿度保持在60%以上，温度在18～28℃，光照强度在1 500～2 000勒克斯，以提高成活率。缓苗期环境中光照强度超过

3 000勒克斯必须覆盖遮阳网降低光照强度，以免光线过强，造成蒸腾作用过大，导致植物缺水萎蔫死苗，影响成活率。缓苗期过后，温湿度和光照按金线莲正常生长要求控制。

（三）盆栽模式

金线莲株形小巧美观，叶形优美，可以单独进行盆栽，也可与兰草等其他苗木搭配盆栽，具有极高的观赏价值。近年来，金线莲已作为高档盆栽植物进入宾馆、写字楼和家庭，日渐受到消费者的青睐，需求量大幅增加。根据盆栽形式不同，金线莲盆栽可分为盆景式栽培和提篮式栽培。

（1）盆景式栽培。盆景式栽培可选用瓦盆、紫砂盆、瓷盆或塑料盆，使用前用5%含氯消毒水进行浸泡。花盆底部一般铺一层碎石或碎砖，然后再铺设栽培基质，可选用泥炭土、木屑、树皮、花生壳、河沙等，按照一定的比例混合，既要满足保水性、通风透气的要求，又要有利于植物固定。

（2）提篮式栽培。提篮式栽培是近年来推广较快的一种栽培方式，它适合种植于露台、室内，既具有观赏价值，又可以供消费者采摘食用。提篮式栽培一般选用塑料提篮作为栽培容器，其栽培基质、移栽方法、肥水管理、病虫害防治等与盆景式栽培相类似。此外，每个提篮之间要相互隔离，防止运输过程中挤压损坏。

（四）主要病虫害防治

在金线莲栽培过程中，常见病害主要有茎腐病、软腐病、灰霉病等，常见的虫害主要有蜗牛、蜻蜓、小地老虎和蛞蝓等。金线莲病虫害防治应以农业防治为基础，综合利用物理防治、生物防治、化学防治。化学防治要严格控制农药的安全间隔期、施用量、施用浓度和次数。药剂使用严格按照农药使用相关规范标准的规定执行。

三、金线莲采收及加工方式

1. 采收

待金线莲栽培4～6个月后，在植株高度10厘米以上、5～6片叶时即可采收。选择晴天露水干后进行采收。采收时将栽培基质用小铁锹铲松，将金线莲植株连根拔起。

2. 产地初加工

对于鲜品的整理需要通过挑选、除杂，置阴凉潮湿处，防冻；对于干品的加工要以金线莲鲜品为原料，经清洗，采用一定干燥工艺制干，使含水量≤12%，置于通风避光干燥处，防潮。

第十二章　生姜

第一节　永康生姜历史传承

　　金华永康市地处浙江省中部，总面积 1 049 平方千米，为我国东南丘陵金衢盆地群中的一个小盆地，是一个"七山一水二分田"的丘陵半丘陵地区。相传永康唐先镇桃岩西部的山谷中有一圆坑，立夏"仙姜"被盗藏于此地，夏至被追回时，姜已出芽，便只挖了姜种回去交差，从此生姜就留在了人间，这便是生姜的民谚"立夏栽姜，夏至偷娘"的来历。后来，这圆坑后来就成了生姜园，据说这里生长的生姜特香、特辣、特嫩，为姜中极品。

　　传说虚无缥缈，然而这种俗称"仙草"的五指岩生姜却真真实实在永康唐先镇中山乡一带生根发芽，因地处五指岩，故名"五指姜"。"薑"即"姜"，明正德七年《永康县志》将其记载于"物产·蔬类"之中（图 12-1）。宋朝的诗人叶适亦有"收缨古密浦，抱袂生姜门"之语。五指姜不管是食用还是药用均属佳品，民间流传"日食三钱五指姜，到老不用开药方"的民谣。

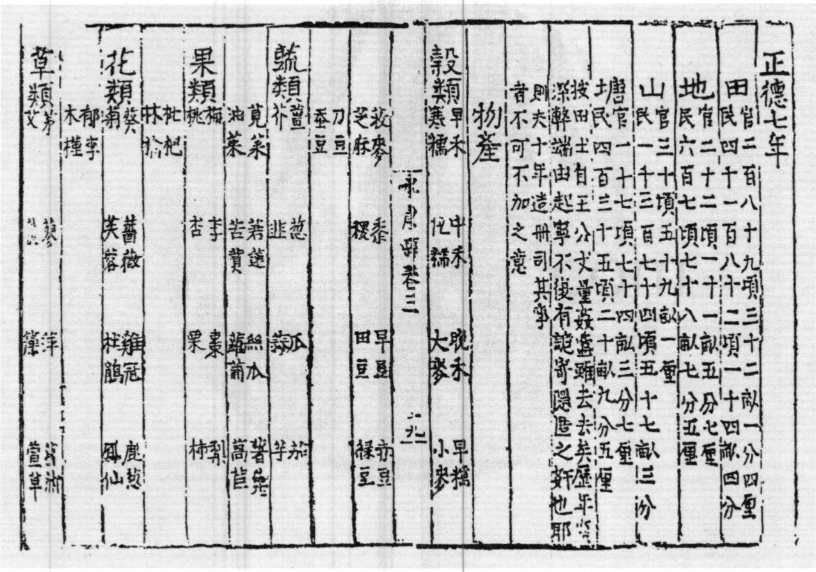

图 12-1　明正德七年《永康县志》对"姜"的记载

　　据记载，20 世纪 50 年代，唐先镇中山乡一带对生姜几乎是家家种植、户户收藏，其时该地生姜种植面积已逾 600 亩，亩产千斤，每年可收 60 万斤，多数销往金华、东阳、武义等地，是村民主要的经济来源之一。

　　进入 20 世纪 90 年代，永康五指岩生姜开始产业化规模化种植，农业及林业部门成立"永康市五指岩生姜发掘与推广研究"项目课题小组，进行五指岩生姜种质资源分布调查，优株选育、种苗繁殖和栽培技术的探索以及示范推广等工作。

　　21 世纪以来，五指岩生姜产业进入了鼎盛时期，种植面积最高时达 6 000 亩，年产量 7 200 余吨。2005 年，永康市成立了五指岩生姜专业合作社，大力实施规模化发展计划，核心种植基地先后通过了国家有机农产品认证、国际 ISO9001：2000 质量管理体系认证，承担了国家级星火计划项目"五指岩生姜高产种植模式应用于推广"。此外，该合作社先后注册"五指岩""山坑"两个商标，进行创牌工作，还积极组织货源到永康、金华、温州、杭州、上海等参加农博会，并多次举办以永康五指岩生姜为主题的摄影、书法、文艺会演等系列活动。2011年，一部在五指岩拍摄、以五指岩生姜为主题的电影《仙草之恋》上映，该片主要讲述了一个因姜结缘、以姜治病、靠姜致富的爱情故事。活动的举办和媒体的广泛报道，提高了五指岩生姜的"身价"和知名度，产生了良好的社会效益和经济效益。

2016年，永康五指岩生姜正式通过国家农产品地理标志评审。划定农产品地理标志地域保护范围的地理坐标为北纬28°45′31″～29°06′19″和东经119°53′38″～120°20′40″，包括永康市辖区16个镇（街道、区）710个行政村。北至唐先镇安坑村，东至西溪镇后岗头村，南至前仓镇大坞村，西至花街镇陈弄坑村。现有五指岩生姜种植面积6 000亩，年产量7 200余吨，保护区域面积1 049平方千米。

通过多年的努力，永康五指岩创牌工作取得了显著的成绩，永康五指岩生姜被金华名牌产品认定委员会认定为"金华市名牌产品"，连续多年被浙江省农业博览会评为金奖，并入选金华市十大名菜之一。同时，五指岩生姜深加工产业不断发展，推出了生姜茶、姜糖、姜片、姜粉等产品20多个品种，产品销往国内众多的大中城市和国外地区。

第二节　永康生姜产品特色

一、外在特征

永康生姜（图12-2）肉质茎呈扇形，大小适中，外形美观，多为单层，少数2～3层，单株重0.5～1千克。嫩姜表皮淡黄白色，鳞片鲜红色；成姜收获时浅黄色，鳞片深红色，后鳞片褪色干缩，表皮转至土黄色。姜香浓郁、幼嫩时纤维素较少，辣味淡；老熟后

图12-2　永康生姜

纤维素增加，辣味浓，折断姜块可见少量"白雾"（挥发油），品质极佳。永康生姜宜鲜食或制成腌渍品，做成姜片、姜茶、姜汁等，乃烹饪调味之佳品。

二、内在特征

永康五指岩生姜在纤维素、维生素、干物质等含量上与市场上一般生姜差异明显，且富含钙、镁、铁、锰、锌等人体所需中微量元素，以及姜辣素、维生素 B_2、姜酚、姜醇等活性成分。有研究指出，五指岩生姜中具有抗运动病作用的 6- 姜酚、6- 姜醇含量分别为 17.93 毫克/克、5.97 毫克/克，在全国 9 个药用生姜主产区所产生姜中排名靠前。

第三节　永康生姜特色栽培方式

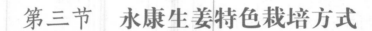

一、产地选择

大田栽培宜选择夏季较凉爽的中、低海拔山地以及地势较高、排水良好、土质疏松、土层深厚、有机质较丰富的地块，两年内未种植过生姜或番茄、茄子、辣椒、马铃薯等茄科植物。大棚早熟栽培以采收嫩姜为目的，宜选择海拔较低、春季回暖较早的地块种植。

二、栽培技术

（一）姜种选择与催芽

选择具有永康"五指岩生姜"品种特征、壮实、饱满、皮色土黄有光泽、肉色鲜黄不干缩、未受冻、不腐烂、无病虫害的姜块作种。

催芽前选择晴暖天气，气温达到12℃以上晾晒1～2天，剔除病姜后放入催芽场地准备催芽。

2月底至3月上旬在催芽床上开始催芽；适宜催芽温度为23～25℃；接近壮芽标准后将温度降至16℃左右进行炼芽。壮芽长0.5～1.2厘米，芽基部粗0.7～1厘米，玉白色有光泽，顶部钝圆。催芽期需30～35天。

（二）种植

1. 种前准备

翻耕前，每亩施腐熟有机肥1 500～2 500千克、三元复合肥15～20千克、锌肥1千克、硼砂1千克。翻耕整地后穴（或条）施钙镁磷肥25千克/亩。整地需在种植前视天气提早进行，畦宽1.2～1.3米，沟宽0.3米，沟深0.2米。

把已催好芽的大姜块掰成50克左右重的小姜块，每块姜种上留1个壮芽，伤口处蘸草木灰后待种。每亩需种姜200～250千克。

2. 种植期

种植时间通常在清明前后（5厘米地温稳定在16℃以上），选择晴暖天气种植。畦面双行种植，行株距（75～80）厘米×（20～25）厘米，每亩3 300～4 400株，如采收嫩姜的，株距适当加密。排放种姜时应将姜芽朝向同一方向。种植前如土壤较干，可在种植沟内浇透水，等水分下渗后排种。排种后随即覆土，厚度4～5厘米。覆土后可根据需要和条件铺设滴灌、覆盖地膜。

（三）田间管理

1. 苗期管理

出苗前应以保温、保湿、防积水为主。发现少量出苗后及时改平铺地膜为小拱棚，并根据气温、光照情况进行适当通风。保持土壤湿润，防积水。

齐苗后夜晚最低温度达16℃以上时可撤除拱棚，1～2个分枝时施1～2次苗肥，可选用水溶性有机肥，每次10千克/亩冲水浇施，也可浇施稀薄腐熟农家肥。幼苗期追肥不宜过浓。光照较强的地块应适当遮阴。

2. 生长期管理

姜苗达3个分枝后，结合培土施2次优质三元复合肥，每次25～35千克/亩，条施后培土。根据土壤墒情和天气情况及时浇水，有条件地块采用滴灌，防止大水漫灌并做好开沟排水，严防积水。培土结束后，畦面盖草。

（四）有害生物防治

贯彻"预防为主、综合防治"的植保方针，优先采用农业防治、物理防治、生物防治方法，合理使用化学防治，将病、虫、草害控制在经济阈值之下。严禁使用国家明令禁止的高毒、高残留农药及其他禁用农药。

三、采收、储藏与安全管理

根据市场行情适时采收，最晚在霜冻之前采收结束。采收宜在晴天进行，方法是将姜块从土中整株拔出。采收嫩姜时，为提高新鲜感最好带茎叶上市。采收老熟姜时需剪（或折）去茎叶。

选在地势高、地下水位低、背风向阳处挖地窖储藏。适宜的温度是 11 ～ 13℃，相对湿度 95% 左右。储藏期间，应根据天气变化，通过调节窖口大小控制温湿度。

在生产、储运、销售过程中应严格执行国家相关农业行业标准的要求，确保产品质量安全，并做好生产、销售等相关记录。

第十三章　玳玳

第一节　玳玳历史传承

193

　　玳玳又称代代（*Citrus aurantium var. daidai*），又名回青橙、回春橙、春不老、玳玳圆、玳玳橘、回青橙，是芸香科柑橘亚属植物，为酸橙的变种，枝细长，叶互生，革质，椭圆形，春夏 4—5 月开白花，香气浓郁。果近圆球形，果顶有浅的放射沟，果萼增厚呈肉质，果皮橙红色，略粗糙，油胞大，凹凸不平，果心充实，果肉味酸。

　　玳玳名字的由来是该植物几代果实可以同存在一棵树上的自然现象。未采摘的玳玳陈果皮色会随季节自然生长由黄回青，数年不脱落，呈现几代果实与当季玳玳花在同一棵树上的花返老还童的现象，故取名玳玳。玳玳果皮的叶绿素在果的成熟过程中逐渐解体，冬季变为黄至朱红色。遇气温及水分条件发生变化时，又生出新的叶绿素，从而翌年夏季又变为青绿色，陈果皮色由黄回青，故称"回青橙"。也因有头一年的果实留在树上过冬，翌年开花结新果，果实数代同生一树习性，亦称"公孙橘"。田园玳玳的落果，在大自然的环境下，日晒雨淋，也可以数年不腐烂，这是因为玳玳植物内含有丰富的抗氧化物质和微量元素。

玳玳曾被作为一个独立的种或变种，是中国特有物种，主产地在我国的福建、浙江、四川等地。玳玳花可用于制作干花，可用于提炼精油，融入日化产业链；玳玳果可用于制作传统中药的膏剂，也可加工成人们爱吃的蜜饯；玳玳树经过若干年的培育，还可融合吉祥的文化寓意，成为庭院苗木。在金华，世代传承的玳玳树，是寄寓了四世同堂美好愿景的吉祥树。

关于玳玳的书面历史记载资料不多，据金华县志花卉篇有关记载，素有"三类花卉"：木本花卉有紫荆、蜡梅、栀子花、佛手、茉莉、玳玳、白兰、石榴、月季、夹竹桃、桂花、山茶花、金银花、含笑、木兰等；草本花卉有兰花、荷花、牵牛花、金鱼草、金盏花、百合花、紫罗兰、香豌豆、美花樱、满天星等；盆景花卉有六月雪、石楠、罗汉松、山楂、冬青、紫薇、雀梅、水梅、十大功劳等。罗店乡是著名花乡，盛产山茶花、佛手、茉莉、白兰、珠兰、玳玳、含笑等。养花户最多时占全乡总户数的90%。金佛手和山茶花在国内外负有盛名。窨茶香花主要为茉莉，还有珠兰、玳玳、白兰等。

第二节　玳玳生物学特性与产地自然环境

一、玳玳生物学特性

玳玳为常绿灌木或小乔木，高5～10米。小枝细长，疏生短棘刺。叶互生，具柄；叶翼宽阔；叶片革质，椭圆形至卵状长圆形，长5～10厘米，宽2.5～5厘米，先端渐尖，钝头，基部阔楔形，边缘具微波状齿，叶面具半透明油腺点。花（图13-1）单生或簇生于叶腋；花萼杯状，先端5裂，近卵圆形，有缘毛；花瓣通常5，长圆形，白色；雄蕊约25个，花丝基部连合成数束；子房上位，扁球形，花柱圆柱形，柱头头状。果实（图13-1）橙红色（留在树上至次年夏间又转为绿色），近圆球形，径7～8厘米，有增大的宿存花萼；瓤囊约10瓣。种子椭圆形，先端楔形。花期4—5月，果熟期12月。

图13-1 玳玳花（左图）与果实（右图）

柑橘属植物的寿命，短者10年，长者200年以上。因品种、栽培条件、繁殖方法和环境条件不同，柑橘类植物寿命长短不一，玳玳花的寿命是柑橘属类植物中最长的。据调查，大多数柑橘如温州蜜橘、甜柑等经济寿命不过30～60年，玳玳花经济寿命可达40～80年。平原地区，因为地下水位高，植株进入结果期早，经济寿命短；丘陵山地因土层深厚，植株高大，寿命长。合理而精密的管理，可延长经济寿命。北亚热带柑橘类植物比南亚热带寿命长。

二、主产区生态环境

玳玳为我国特有植物物种，其生长周期长，种植成本高，对气候、土壤、降水量、霜冻期等自然条件要求极为苛刻。玳玳喜温暖湿润气候，不耐寒，幼苗怕霜冻，成苗后抗寒能力增强。最适宜温度20～23℃，温度低于－4℃则易遭冻害。耐湿，不耐干旱。年降水量在1 000～2 000毫米，年平均相对湿度 65% ～ 75% 最为适宜生长。玳玳最适合生长在向阳背风山坡，土层深厚、肥沃疏松、排水良好的土地。以富含有机质的微酸性砂质壤土栽培为宜，碱性土壤不宜栽培。

　　玳玳花产区主要局限在北纬 25°～ 30°亚热带北部丘陵山区区域。该区域光热水资源丰富。年总辐射量在 38×10^8 ～ 54×10^8 焦耳/米^2，全年大于10℃的积温在 4 250 ～ 8 000℃，大于 10℃持续天数为 220 ～ 350 天。年降水量为 1 000 ～ 2 000 毫米，多数降水在作物需水较多的温暖季节。在主要农林作物生长季节（4—10 月）的太阳辐射、积温和降水可占全年总量的70% ～ 85%，光、热、水的配合，有利于玳玳花植物的生长。

　　野生玳玳分布秦岭南坡以南各地，被人们长期培育栽种。中国浙江金华地区主要种植玳玳种苗，华北及长江流域中下游各地多盆栽。玳玳主要产地在中国南部福建、浙江、四川等地区，大多数是农家形式的栽培。目前中国的玳玳花种植面积不超过 8 000 亩。

　　金华处于金衢盆地东段，亚热带季风气候，年温、日照适中，降水丰富。土质为微酸性砂壤土，土质疏松、肥沃，非常适合玳玳的种植。

第三节　玳玳药理药效

一、中医药用

　　玳玳花是中国传统中药的重要原料，玳玳的未成熟果实称玳玳花枳壳或苏枳壳，幼果被人当作枳实入药。

　　自明清以来，中医将干燥的芸香科植物酸橙及其栽培变种或甜橙幼果，作为枳壳入药。枳壳，性微寒，味苦、辛、酸，入肺、脾、大肠经。具有疏肝、和胃、理气解郁、降血脂、利尿、行气宽中、消食、化痰功能，还可治疗腹部胀痛、胸胁不舒。

　　分析研究发现，枳壳主要含有黄酮类化合物（柚皮苷、橙皮苷等）、挥发油（柠檬烯等）和少量生物碱。其中柚皮苷、橙皮苷等黄酮类成分是枳壳理气、行滞、祛痰的重要成分。挥发油还能够有镇咳、抑菌和消炎功效。中药学中通过炮制来控制挥发油的含量。在柑橘属芸香科植物类，玳玳幼果是枳壳质量最高的原料。

玳玳花含有强心苷和非强心苷的多种成分，见于许多国家的药食之中。它具有强心、利尿、镇静及减慢心率的功能，能降低神经系统的兴奋性和脊髓反射机能亢进，用于急性病和慢性心功能不全。主治充血性心力衰竭、心脏性水肿和心房纤维性颤动，与溴化银合用能加强其对癫痫病的治疗作用。

二、药食同源

玳玳花为国家卫生健康委公布的"药食同源"珍贵植物，既是食品又是药品，中医称之为"福寿草"，其药用和保健价值在《中华人民共和国药典》《本草纲目》及其他民间药典中均有记载。

有关"药食同源"的思想最早在唐朝的《黄帝内经·太素》当中有所反映。中国中医学自古以来就有"药食同源"又称为"医食同源"理论。这一理论认为：许多食物既是食物也是药物，食物和药物一样能够防治疾病。这就是"药食同源"理论的基础，也是食物疗法的基础。

玳玳花茶（图13-2）是一种中国传统美容茶。玳玳花略微有点苦，但香气浓郁，令人闻之忘倦，可疏肝和胃、理气解郁、镇定、解除紧张不安，也有助于缓解压力所导致的腹泻，能清血、促进循环，具有减脂瘦身的效果，适合脾胃失调而肥胖的人士。

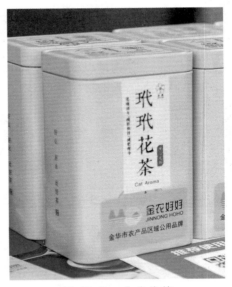

图 13-2　玳玳花茶

第四节　玳玳产业现状

　　玳玳是很受人们喜爱的庭院栽植或室内盆栽的优良花卉。作为观赏植物，其香气浓郁、果实美观，花后结出橙黄色扁圆形的美丽果实，压满树枝，可在绿叶丛中留存树上数年，美观别致。

　　玳玳花是中国历史悠久的传统中药和养生材料，主要用于治病、保健和观赏。玳玳花的传统应用领域很狭窄和分散，产业价值不高。玳玳花早期传统应用领域主要为传统中药材、传统花茶、传统美容原料（图13-3）。玳玳的青果称玳玳花枳壳或苏枳壳，作为枳壳入药，幼果作为枳实入药，也是中药厂的其他中成药重要生产原料。民间传统上将玳玳花、花露及精油用于护肤美容、芳香疗法。

图13-3　玳玳加工产品

第五节 玳玳特色栽培技术

一、场地选择

玳玳为亚热带常绿果树，在柑橘类中属于耐贫瘠和耐寒的种类。其生长强健，管理粗放，且对土壤要求不严。一般在交通便利、有水源可灌溉、排水良好的山地、平地均可造林（图13-4）。金华市兰溪市利用玳玳管理粗放、生育期短的特点，采用农光互补发展玳玳产业，取得很好的效果。

图13-4 玳玳种植场地

二、育苗定植

1.种苗采穗

以金华原产地传统品种、产量稳定、没有变异的成年树作为采集接穗的母本树。

2.种苗培育

选用枳属枳为砧木。在选定的母本树上剪取当年的粗壮春梢或成熟夏梢为接穗。小苗繁育通常采用当年苗单芽腹接的方式嫁接，大苗高接可以采用切（劈）接或者切芽接方式快速成苗。

3. 苗木定植

春季定植，以嫁接苗进行矮化密植，山地株行距（3.5～4.0）米×4.0米，平地株行距4.0米×（4.0～4.5）米；采取等高线挖机深翻地或者大穴定植，挖深80厘米、宽100厘米；大穴规格80厘米×80厘米×60厘米，每穴用表土加火土灰10千克拌入500克钙镁磷肥；栽植时使苗木嫁接口高出土面，浇透水，再盖上草保湿，3月15日前完成整个定植工作。以每亩栽45～50株为宜。

三、培育管理

1. 中耕除草

幼年树中耕除草，将草覆盖在树基部四周，穴植的场地每年4—10月进行深翻改土，从定植后第二年开始。紧接定植穴外围开宽50厘米、深60厘米、长与树冠大小相等或相近的半月沟，注意不要留隔墙。下一次深翻压肥应交错轮换方向挖沟，直至全园翻改土完成为止。前5年，每年整个园翻耕1次，深度10～20厘米。

2. 整形修枝

苗木50厘米高时定干，幼树培养主枝和选留副主枝，每年培养3次梢，及时摘除夏梢、晚秋梢。树高控制在1.2～1.5米，使树冠紧凑、树形开张。

结果树继续扩展树冠，培养主枝和副主枝延长枝，布局侧枝群，使枝梢分布均匀，通风透光，生长健壮，任其结果。重点修剪并促发春秋二次新梢，春季发芽时及时抹去树冠内膛的徒长枝；秋梢萌发后要重点防护，使之成为第二年的结果母枝，集中萌发有利于集中开花和结果，方便后续管理。

3. 施肥

栽植后1～3年的幼树，以施氮肥和钾肥为主，以勤施薄施为原则，每次萌芽抽枝时施用。结果树综合施肥，有条件的推行高有机质低肥栽培方式，园地通过增施有机肥及栽种绿肥（草）等方式增加有机质储备；通常3月至4月初施春肥，占全年施肥总量的50%，每株施饼肥2千克加硝酸磷钾复合肥 400 克；全园每亩撒施石灰 100 千克，并进行深翻（每两年一次）。11 月施冬肥，占全年施肥总量的 50%，每株施饼肥 2 千克或其他有机肥加复合肥 400 克。

四、病虫害防控

选用低毒、高效、低残留农药结合物理防治方法进行病虫害综合防治，并使年防治病虫害次数控制在 5 次以内。

（一）病害

1. 黄斑病

（1）识别特征。受害植株的一个叶片上可生数十或上百个病斑，使光合作用受阻，树势被削弱，引起大量落叶，对产量造成一定影响。嫩梢受害后，僵缩不长，影响树冠扩大；果实被害后，产生大量油瘤污斑，影响商品价值。该病基本上可分为脂点黄斑型、褐色小圆星型和混合型。果实也可发病。

（2）防控措施。加强栽培管理，特别对树势弱、历年发病重的老树，应增施有机质肥料，并采用配方施肥，促使树势健壮，提高抗病力。抓好冬季清园，扫除地面落叶集中烧毁或深埋。结果树在谢花 2/3 时，未结果树在春梢叶片展开后，开始第一次喷药防治，相隔 20 天和再相隔 30 天左右各喷药 1 次，共 2～3 次。

2. 溃疡病

（1）识别特征。溃疡病由细菌引起，主要为害植株的叶片、枝梢和果实，引起落叶、落果，影响树势。初期在叶背出现黄色或暗黄色针头状大小的油浸状斑点，后向叶片两面扩展隆起，呈近圆形、米黄色的病斑。其后病部破裂，木栓化，中央凹陷，呈火山口状裂口，周围有黄晕。枝梢与果实上的病斑与叶片上的相似，但隆起更为明显，木栓化程度更高，周围无黄晕。

（2）防控措施。非疫区调入接穗、苗木时，应严格检疫。选择远离栽培区的地方建立无病苗圃，从无病健康母树上采穗育苗，种子用 5% 高锰酸钾液浸种 15 分钟，或用 2% 福尔马林浸 5 分钟，再用清水冲洗干净。对罹病的夏秋梢应尽量剪除，集中烧毁。控制氮肥，维持健壮树势。在各次新梢嫩叶展开、叶片刚转绿时和花谢后 10 天、30 天各喷 1 次药进行防治。

（二）虫害

1. 蚧类

为害玳玳树的蚧类害虫有糠片蚧、黑点蚧、黄圆蚧等多种害虫，分布广泛。

（1）识别特征。糠片蚧寄生在荫蔽的枝叶上，为害枝干、叶片和果实，造成枝枯叶落，果面产生绿色斑点，严重影响树势、产量和品质。黑点蚧可使枝叶干枯、果实延迟成熟、树势降低、产量和品质下降。黄圆蚧以若虫和雌成虫刺吸枝、叶和果实的汁液，引起枝叶枯死、树势衰退、产量和品质下降。

（2）防控措施。在调运接穗、苗木和果实时检疫，防止蚧类害虫的传播。加强肥水管理，增强树势，结合修剪，集中烧毁病虫枝叶。保护利用寄生蜂以及捕食性瓢虫、日本方头甲、草蛉和寄生益菌等蚧类害虫天敌。也可采用合适的农药进行化学防治。

2. 蚜虫

为害玳玳树的蚜虫有9种之多，以棉蚜、橘蚜和橘二叉蚜为主，其次还有桃蚜、绣线菊蚜等。

（1）识别特征。发生高峰期为春梢和秋梢的抽发期，最适温度为24～27℃，高温干旱时易发，条件不适或叶片老化时，就大量发生有翅类型迁移。晚秋产生有性蚜，交配后产卵越冬。

（2）防控措施。剪除有卵枝和被害枝，减少越冬虫口基数。可掌握新梢有蚜率25%时喷药防治。

3. 潜叶蛾

潜叶蛾又叫画图虫，发生广泛。

（1）识别特征。以幼虫潜食寄生夏梢、秋梢的嫩叶以及嫩茎皮下组织，虫道弯曲，导致叶片卷曲脱落、枝梢细弱，影响下年结果。病枝叶会成为螨类等害虫的越冬场所，还会引发溃疡病。

（2）防控措施。结合肥水控制，摘除零星早发秋梢，统一放梢，便于集中用药防治。在新梢大量萌发、叶片长度不超过1厘米时开始喷第一次药，隔7天再喷1次。

4. 红蜘蛛

红蜘蛛又叫橘全爪螨、瘤皮红蜘蛛，发生普遍。

（1）**识别特征。** 以口针刺破叶片、嫩枝、果实表皮吸取汁液。病叶上呈灰白色小点，严重时呈灰白色。造成落叶，影响树势、产量。年均温在15℃时，年发生12～15代。以卵和成虫在叶背凹陷和枝条裂缝处越冬，发生高峰为3—5月和9—10月。温度超过35℃时，不利其生存。

（2）**防控措施。** 园内生草或种植霍香蓟、大豆等植物，利于天敌栖息与繁殖，提高空气湿度能有效降低世代发生，有条件的加装喷淋设施，能有效防治红蜘蛛发生。另外，加强肥水管理，增强树势，可促进被害叶片转绿，减轻危害。保护利用食螨瓢虫、捕食螨、六点蓟马、草蛉等红蜘蛛天敌。药剂防治须适时、合理。选用化学农药防治时，要考虑该药的感温性及其对嫩梢、幼果有否药害。

五、采收与产品加工

玳玳幼果采摘时间为7月5日至7月30日。

玳玳幼果采后立即横切晒干或烘干至含水量低于12%（图13-5），然后存放于阴凉干燥、无虫害、无污染的库房内。干燥方法有自然晒干法和机械烘干法两种。

图13-5 干燥处理后的玳玳幼果

1. 自然晒干

自然晒干加工应反复翻晒7～10天，晒至含水量低于8%。晒时瓤肉（切口）向上，一片一片铺开（一般可在草席上），切忌淋雨和沾灰。晒至半干后，再反转晒皮至全干。若阴雨天，可用火炕，切口向下，初时炕火力稍大点，半干后，再小火炕至全干。

2. 机械烘干

规范生产应该采用统一的烘干方式，避免发霉产生二次污染。

烘干需将温度控制在40～60℃，避免温度过高，造成炭化，影响质量，烘干后含水量应低于8%。

第十四章 玄参

第一节 玄参历史传承

  玄参（*Scrophularia ningpoensis*）为玄参科多年生草本植物，别名浙玄参、元参、乌玄参、黑参、玄台、馥草等。玄参药用历史悠久，历代本草著作均有记载。玄参入药始载于秦汉时期《神农本草经》："玄参，味苦、微寒。主腹中寒热积聚，女子产乳余疾，补肾气，令人目明。"清代因避康熙（玄烨）讳，改名为元参。玄参在浙江有悠久的历史。明万历年间钱塘县志（1609）已有记载；清代光绪年间《杭州府志》载："玄参出仁和者多，笕桥者佳。"民国二十一年（1932）《中国实业志》（浙江省）载："笕桥年产玄参万余担，每担价格自三元至五元不等。"民国二十九年（1940）《重修浙江通志》记载："磐安生产药材，元参270担、元胡580担、芍药420担、白术9 600担。"现代《中药材手册》记载："主产于浙江磐安、杭州笕桥、东阳。"《中华本草》记载："主产于浙江东阳、杭州、临海、义乌、临安、富阳、桐庐等地。此外，四川、陕西、贵州、湖北、江西、河北等地亦产。以浙江产量最大，销全国，并有出口。"

第二节 玄参生物学特性与产地自然环境

一、玄参生物学特性

玄参（图14-1）喜温暖湿润气候，适应性广，抗肥水、抗旱等能力均较强，腐殖质多、肥沃的砂质壤土有利于其生长。

图14-1　玄参植株及其根茎

玄参种子发芽适宜温度为30℃，但发芽率较低，因此生产过程中以子芽繁殖为主。子芽繁殖于秋冬季栽种，翌年春3月中旬开始萌发，萌发后生长较快，只要肥水合适，5月初即可全面封行。玄参进入6月底即开始抽薹开花，10月底逐渐进入枯萎阶段，此时即可采挖。

（一）形态特征

玄参为多年生草本植物，株高80～200厘米。

1. 根

根纺锤形至圆柱形，长5～12厘米，直径1.5～3厘米，肥大，稍弯曲，常分叉。玄参根多数簇生于根茎基部，外皮灰黄褐色至黄白色。着生于玄参根茎基部周围的白色嫩芽头（子芽），可作为玄参的繁殖材料。

2. 茎

茎多几个丛生于基部，茎直立，四棱形，有浅槽，无翅或有极狭的翅，光滑或有腺状柔毛，最高可达2米，常分枝。玄参的茎顶端优势非常明显，且分枝能力很强，有的具有3～4级分枝，甚至更多，每级分枝均抽生花薹开花结实。生产上打顶去花薹，喷施生长抑制剂控制或抑制茎的生长及分枝可以明显地提高产量。

3. 叶

叶片在茎下部多对生而具柄，上部有互生而柄极短，柄长者可达4.5厘米。叶片多变化，多为卵状椭圆形，上部叶片也有时为卵状披针形至披针形，基部楔形、圆形或近圆形，先端渐尖，边缘具钝（细）锯齿。玄参叶片大者长达30厘米，宽达19厘米，上部最狭者长约8厘米，宽仅1厘米，叶片下面有稀疏散生的细毛。

4. 花

花序为疏散的大圆锥花序，由顶生和腋生的聚伞圆锥花序合成，长可达50厘米，但较小的植株中仅有顶生聚伞圆锥花序，长不及10厘米。聚伞花序常2～4回复出，花梗长0.3～3厘米，花序和花梗有明显的腺毛。花萼5裂，长2～3毫米，裂片圆形，边缘稍膜质；花冠褐紫色，长8～9毫米，花冠筒多球形，上唇长于下唇约2.5毫米，裂片圆形，相邻边缘互相重叠，下唇裂片略卵形，中裂片稍短；雄蕊稍短于下唇，花丝肥厚，共4枚，2强，另有1枚退化的雄蕊，大而近于圆形，贴生在花冠管上；花柱长约3毫米，稍长于子房；子房上位，2室。花期6—10月。

5. 果实与种子

蒴果卵圆形，先端短尖，深绿或暗绿色，长 8 ~ 9 毫米，萼宿存。种子多数，卵圆形，粗糙。玄参种子千粒重 0.2 克，陈种子能使用。果期 9—11 月。

（二）品种

目前浙江主要栽培品种为浙玄 1 号，该品种是由磐安地方品种选育出的优质、高产、抗性强的玄参良种，于 2008 年通过浙江省认定（认定编号：浙认药 2008002）。

浙玄 1 号特征特性：平均株高 121 厘米，茎直立、绿色，四棱形有深槽，茎粗 1.5 ~ 2.5 厘米。叶对生，上部叶有时互生；叶片卵状披针形至披针形，长 15 ~ 22 厘米，宽 11 ~ 16 厘米，先端渐尖或急尖。聚伞花序，较疏散，花冠暗紫色，长 8 ~ 9 毫米，相邻边缘相互重叠，下唇裂片多，中裂片稍短。雄蕊稍短于下唇，花丝肥厚。退化雄蕊 1 枚。蒴果卵形，长 6 ~ 8 毫米，先端短尖。根呈类圆柱形或类纺锤形，中间略粗或上粗下细，有的微弯曲，长 6 ~ 20 厘米，直径 1 ~ 3 厘米，表面灰黄色或棕褐色，下部钝尖。花期 7—8 月，果期 8—9 月。哈巴俄苷含量高于 2020 年版《中华人民共和国药典》规定标准。

栽培要点：适宜砂质壤土，宜于 12 月下种，亩用种量 40 ~ 45 千克。增施肥料，及时打顶。该品种品质优，丰产性好，适应性广，平均亩产干品 273.12 千克。

二、主产区生态环境

玄参喜温和的气候，多栽培于丘陵、平地。地上部生长期为 3—11 月，有效积温为 5 885℃，年降水量为 1 276 毫米。茎叶能经受轻霜。3 月中下旬平均气温为 12 ~ 13.6℃开始出苗，而后植株生长速度随着气温升高而逐渐加快，当月平均气温达 20 ~ 27℃时茎叶生长发育较快，在地上部生长发育高峰之后，根部生长逐步加快。8—9 月气温 21 ~ 26℃为根部生长发育最适时期，根部明显增粗增重。在这一时期内如水分供应充分，根部生长更快，产量亦高；倘若天气干旱又不及时抗旱，产量下降。10 月后气温逐渐下降，植株生长速度缓慢，直至 11 月地上部枯萎。

玄参喜湿润的环境，浙玄参主产区年降水量均在 1 200 ~ 1 500 毫米。

但在生长期内也不宜长时间积水，排水不良容易造成根部腐烂而减产。

玄参一般对土壤的适应性较强。以土层深厚、疏松肥沃、腐殖质较多、排水良好的砂壤土、壤土为好。玄参耗肥量大，病虫害较多，不宜连作。以向阳、背风、稍倾斜的坡地为佳。低洼、荫蔽、排水不良、土质黏重的地不宜种植。玄参一般均种植在低海拔（600 米）地区，但也有少数高海拔（1200 米）地区种植。

玄参的种植基地（图 14-2）应按中药材产地的要求，因地制宜，合理布局。其种植区域的环境条件应符合 GB 3095—2012《环境空气质量标准》规定的二级标准；土壤环境应符合 GB 15618—2018 规定；所采用的灌溉水应符合 GB 5084—2021《农田灌溉水质标准规定》。

图 14-2　玄参种植基地

第三节　玄参药理药效

玄参以其干燥根入药。表面灰黄色或灰褐色，有不规则的纵沟、横向皮孔及稀疏的横裂纹和须根痕，气特异似焦糖。浙产玄参，质坚性糯，皮细肉黑、枝条肥壮。

一、药用功效与主治

玄参味苦，性微寒。有清热凉血、滋阴降火、解毒散结功效。主治温热病热入营血、身热、烦渴、舌绛、发斑、骨蒸劳嗽、虚烦不寐、津伤便秘、目涩昏花、咽喉肿痛、瘰疬痰核、痈疽疮毒。

现代药理研究玄参含有生物碱、糖类、甾醇、脂肪酸等，具有解热、抗菌、增加心脏冠脉血流量、改善心肌缺血、降压等作用。

二、用法用量与使用注意事项

内服：煎汤，9～15克，或入丸、散。

外用：适量，捣敷或研末调散。

脾虚便溏或有湿者禁服。

三、选方

（1）治三焦积热。玄参、黄连、大黄各50克。为末，炼蜜丸梧子大。每服三四十丸白汤下。小儿丸粟米大。（《丹溪心法》）

（2）治大便秘结。玄参50克，麦冬、生地各40克。水8杯，煮取3杯，口干则与饮令尽。不便，再作服。（《温病条辨》增液汤）

（3）治淋巴结结核。元参（蒸）、牡蛎（醋煅，研）、贝母（去心、蒸）各200克。共为末，炼蜜为丸。每服15克，开水下，日二服。（《医学心悟》消瘰丸）

（4）治急喉痹风。不拘大人、小儿，玄参、鼠黏子（半生半炒）各50克。为末，新汲水服一盏。（《圣惠方》）

（5）治口舌生疮，久不愈。玄参、天门冬（去心、焙）、麦门冬（去心、焙）各50克。捣罗为末，炼蜜和丸，如弹子大。每以锦裹一丸，含化咽津。（《圣济总录》玄参丸）

（6）治夜卧口渴喉干。用黑玄参二片含口中，即生津液。（《吉人集验方》）

第四节　玄参产业现状

　　抗日战争前玄参年产量一般在35万千克左右，最高时50余万千克。1949年玄参种植面积7 000亩，产量40.1万千克。新中国成立以后，浙江玄参种植面积、产量受计划调整、自然灾害的影响，变化起伏较大。1949年至1990年42年间平均年种植面积3 458亩，产量50.5万千克。其中种植面积最多的1954年达11 536亩，最少的1956年仅990亩，1970年后年均种植面积1 000～3 000亩。年产量最高的1966年达377.6万千克，最低的1960年仅9.0万千克。1990年种植面积2 192亩，产量30.8万千克。2004年面积曾达1.42万亩。由于市场价格下跌，2006年浙江省玄参种植面积1.12万亩，总产量约2 538.8吨，平均亩产（干品）253.9千克。目前，由于市场价格低迷，浙江省玄参种植面积下降至2 000～5 000亩。20世纪60年代前玄参主产区为桐乡、杭州市郊、余杭、东阳、仙居等地，目前以磐安、天台、东阳为主，仙居、缙云、临海等县也有少量种植。

第五节　玄参特色栽培技术

一、选地及整地

　　玄参在平原、丘陵以及低山地均可栽培，以阳光充足、质地疏松、土壤深厚、排水良好的砂质壤地块为佳。土壤过于黏重、易积水的地块，植株生长差，根部容易腐烂，故不宜种植。同时应避免选择前茬为十字花科、茄科等易发白绢病和两年内栽培过白术的地块。

　　玄参系深根植株，在前作收获后，应深翻土地，施足基肥。每亩施有机肥300～400千克、钙镁磷肥50千克。先把肥料铺于地面上，然后翻入土中。

经精耕细作再作龟背形畦，畦宽 80 ～ 100 厘米，畦高 20 ～ 25 厘米，沟宽 25 ～ 35 厘米。

二、选种及储藏

1. 种栽选择

在玄参收获时应严格挑选无病、健壮、侧芽少、长 3 ～ 4 厘米、重 15 克以上的白色或白粉色子芽，从根茎基部（芦头）上掰下来留作繁殖材料。

2. 种栽储藏

选择地势较高、排水良好的地方挖好土坑，坑深 20 ～ 30 厘米，坑周开好排水沟。将新剥离植株的子芽在室内堆放 1 ～ 2 天，以免在坑内储藏时发热腐烂。堆放后的子芽平铺入土坑中，再铺一层土，覆土层厚 5 ～ 10 厘米，如此堆叠，不超过 3 层，最上层盖土 20 厘米左右。当气温下降到 0℃ 以下时加盖稻草或苫布，防止种栽受冻。所用覆土需拌入具有杀虫和抑菌效果的拌种剂或腐熟的油茶籽饼渣。商用拌种剂与沙土混合比例为（1 ～ 2）：10，所用拌种剂按 NY/T 393—2020 执行。储藏期要勤检查，发现霉烂、发芽、发根时要及时翻坑，剔除烂芽或变质芽。

三、繁殖方法

玄参主要用子芽繁殖，也可用种子繁殖。此外，还有分株扦插等方法，但在生产上一般不采用。

1. 子芽繁殖

浙江玄参栽种时期一般为 12 月中下旬至翌年 2 月上中旬，早种根系发达，植株健壮，产量高。栽培前挑选无病、粗壮、洁白的子芽作种用。30 ～ 35 厘米开穴，穴深 10 厘米，每穴放子芽 1 个，覆土时芽头向上，齐头不齐尾，覆土 3 厘米。

在浙江磐安、东阳一带，有冬季进行随挖随栽的，一般从冬至到雨水前均可下种，而桐乡一带则多在立春到清明间下种。太晚子芽萌发过长，影响栽后生长。每亩用种量为 50 ～ 60 千克。

2. 种子繁殖

浙江玄参播种多采用秋播，幼苗于田间越冬，翌年返春后适当追肥，加强田间管理，培育一年即可收获。种子繁殖根细瘦，产量低，质量也差，故在生产上很少使用。

3. 根头繁殖

将收根后的根头分割成块，每块带子芽 1～2 个。根头作种，用种量大，每平方米用根头 0.22～0.45 千克。根头所带子芽数的多少与根产量的高低有很大的关系，子芽多者产量高（表 14-1）。子芽和根头作种的栽培比较情况见表 14-2。

表 14-1　玄参根头繁殖栽培试验结果

组别	平均根重/克	鲜根重/（千克/米²）	折干率/%	干根重/（千克/米²）	产量比/%
每穴根头 1 个（2 子芽）	13.8	0.60	20.47	0.12	100.0
每穴根头 2 个（3 子芽）	14.6	0.76	20.47	0.16	128.0
每穴根头 3 个（4 子芽）	15.0	0.89	20.47	0.18	149.4

表 14-2　子芽与根头作种栽培比较

组别	平均根长/厘米	平均根径/厘米	平均根重/克	干根重/（千克/米²）	产量比/%
子芽	9.15	1.39	17.0	0.19	104.4
根头	9.44	1.33	17.0	0.20	100.0

4. 分株与扦插繁殖

玄参很少采用分株与扦插繁殖。分株的植株带有根，栽后成活较快；扦插的植株要生新根，成活慢，但一旦生根，则长势好，尤其根的发育好，根粗大且多。

玄参 7 月用嫩枝进行扦插，成活率可达 75%，于扦插后第三年收获，每平方米产量可达鲜根 3.24 千克、干根 0.62 千克。7 月玄参植株生长已基本定型，此时采用其嫩枝作插穗进行扦插，既不影响老枝生长，又可扩大繁殖，增加生产面积，并可获得较高产量，可作为玄参辅助繁殖方法。

四、大田栽种

玄参适当密植可以增产，根据报道及各地栽培经验，每平方米栽植株数应不少于7株，才能保证产量稳定而且高产。

玄参吸肥力很强，且易发生病虫害。连作易造成土壤肥力下降，使植株长势弱，表现缺肥症状，同时连作地玄参发病率也大大提高。一般连作一年玄参产量下降34%左右（表14-3）。

表14-3 连作与未连作产量比较

项目	平均根长/厘米	平均根粗/厘米	平均根重/克	干根重/（千克/米^2）	产量比/%
连作	7.40	1.45	13.6	0.14	65.5
不连作	9.35	1.71	20.4	0.22	100.0

五、间作

玄参地一般提倡与玉米等作物进行间作。玉米育苗后栽种在畦的一侧或畦中间1行，栽种密度宜稍稀，每亩栽种数量在1 000株以内，过密易影响玄参生长。选择间作物需注意：一是株型要高矮、"胖瘦"搭配，即高秆作物与矮秆作物相搭配，株型松散的与株型紧凑的相搭配，以利田间通风透光；二是叶形要"圆尖"搭配，如豆科作物与禾本科作物相搭配；三是根系要深浅搭配，即深根作物与浅根作物相搭配；四是喜光作物与耐阴作物相搭配；五是生育期长短和播种季节接近的相搭配。

六、田间管理

1. 中耕除草

玄参幼苗出土后，要注意中耕除草。中耕不宜过深，以免伤根。一般每年3次，第一次在4月上旬，第二次在5月上旬至下旬，第三次在6月中下旬进行。6月中下旬以后植株生长茂盛，杂草不易生长，故不必再进行中耕除草。

2. 培土

培土是玄参种植、田间管理工作中一项重要栽培措施，可保护子芽，使白色子芽增多，芽瓣闭紧，同时减少开花芽、青芽、红芽，以提高子芽质量。培土还有固定植株、防止倒伏、保湿抗旱和保肥作用。培土工作一般在6月中旬施肥后进行。

3. 灌溉排水

玄参种植地四周需开好排水沟，地块较大则应开腰沟，排水沟深度在40厘米以上。玄参一般不需要灌溉，干旱时需灌溉，使土壤保持湿润，以利生长。多雨而造成田间积水时应及时排水，可减少烂根。

4. 打顶

玄参开花时应将植株顶部花序摘除，不使其开花结子，使养分充分集中供给根部生长，促进根部膨大。打顶能够显著增加玄参的产量（表14-4）。

表14-4　玄参打顶与不打顶产量比较

项目	株平均鲜根重/克	鲜根重/ （千克/米^2）	干物率/ %	干物重/ （千克/米^2）	产量比/%
打顶	176.7	1.23	17.56	0.21	126.8
不打顶	155.7	0.99	16.96	0.17	100.0

七、施肥

肥料使用应遵照NY/T 394和NY/T 496的规定。

结合整地，每亩施有机肥300～400千克、钙镁磷肥50千克，栽种后覆土。

齐苗时，每亩施碳酸氢铵15～20千克。苗高30厘米以上时，每亩施尿素10千克。

打顶后，每亩施有机肥100～150千克及过磷酸钙15千克，混拌后施撒株旁，施后培土。

八、病虫害防治

根据病虫害发生规律，遵循"预防为主，综合防治"的原则，优先采用农业、物理、生物等防治技术，合理使用高效、低毒、低残留的化学农药，将有害生物危害控制在经济允许阈值内。

玄参的主要病害有白枯病、白绢病等；主要虫害有黑点球象、蛴螬等。

1. 农业防治

选用抗病虫害且高产的种源。整地时发现害虫及时灭杀。加强田间管理，合理施肥，清除田间杂草，在病虫害发生初期及时清除病株、病叶和有虫枝叶，并带出田外销毁。收获后清洁田园；采用轮作措施，宜与禾本科作物轮作，轮作间隔3年以上。

2. 物理防治

利用害虫趋性，选用频振式杀虫灯或悬挂黄色粘虫板等进行诱杀。杀虫灯应符合 GB/T 24689.2—2017《植物保护机械　杀虫灯》的规定，挂灯时间为5月初至10月下旬，雷雨天不开灯。黄色粘虫板（规格20厘米×25厘米或25厘米×30厘米）每亩悬挂30～40张，距离作物花序基部15～20厘米。

3. 生物防治

保护和利用天敌，或使用生物菌剂等预防病虫害发生。

4. 化学防治

根据玄参病虫害发生特点，在适宜时期施药。用药应符合 NY/T 393—2020 和 NY/T 1276—2007《农药安全使用规范　总则》的规定。防治时期严格执行中药材规范化生产可限制使用的化学农药种类规定，选用登记农药，合理使用对玄参生长安全的高效、低毒、低残留农药，控制农药安全间隔期、施药量和施药次数，注意不同作用机理的农药交替使用和合理混用，避免产生抗药性。不得使用禁限用农药。

九、产地加工

1. 传统加工

（1）生晒加工。采收后，白天摊晒，经常翻动，夜晚收拢堆积，反复堆积摊晒至表皮皱缩，至鲜重的50%～60%时，再集中堆积5～7天，根内部变黑，再翻晒至全干，含水量控制在16%以下。

（2）火熄加工。采收后，控制火熄温度在 50～60℃，并适时翻动。烘至鲜重 50%～60% 时进行堆积发汗，上面可用草或薄膜覆盖，根内部发黑，文火烘至含水量在 16% 以下。

2. 现代加工

应根据根型分级加工。晒房通风晒干至根条变软，表皮出现皱缩，控制烘干温度在 50～60℃，至鲜重 50%～60% 时进行堆积发汗，发汗期间用塑料薄膜覆盖，发汗 5～7 天，根内部变黑，50～60℃ 烘至含水量在 16% 以下（图 14-3）。

图 14-3 烘房烘干（左图）及堆积发汗（右图）

第十五章　衢六味和丽九味

第一节　衢六味

　　衢州地处浙江西部，素有"神奇山水，名城衢州"的美誉。独特的环境禀赋给衢州带来了丰富的植被资源，也给衢州留下了历时千年的产业传承——中药材。据统计，衢州全市现有各类中药材种植 69 种、面积 30 多万亩，年产量 2 万多吨，年产值超 7 亿元；建成中药材规范化生产基地 75 个，其中衢枳壳、白及、陈皮、猴头菇、白花蛇舌草、黄精六味中药为"衢六味"入选品种（图 15-1）。

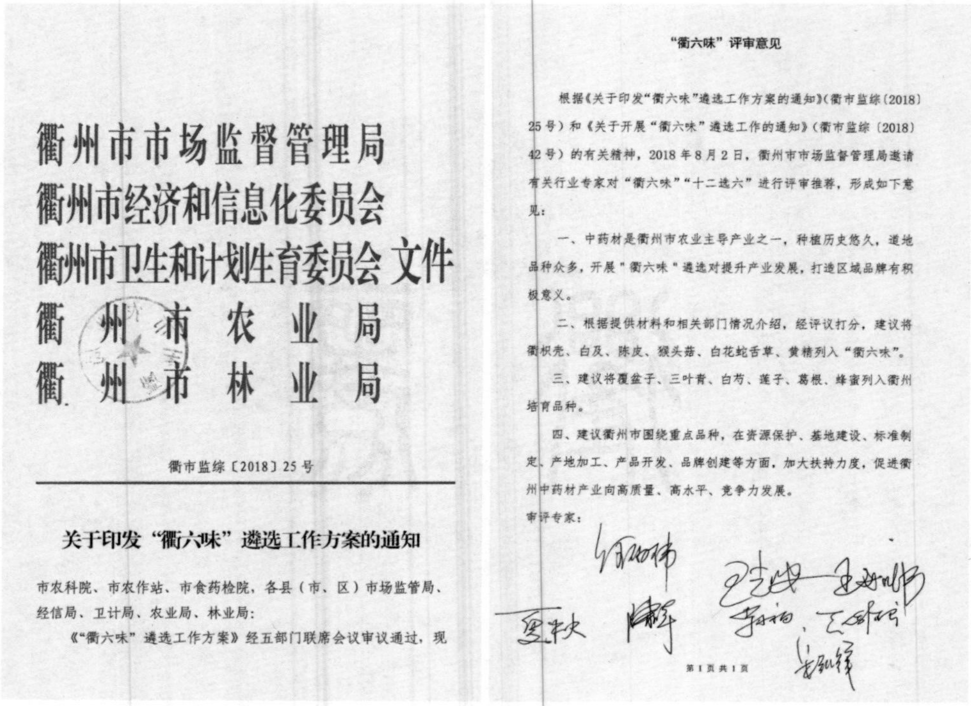

衢州市市场监督管理局
衢州市经济和信息化委员会
衢州市卫生和计划生育委员会 文件
衢 州 市 农 业 局
衢 州 市 林 业 局

衢市监综〔2018〕25号

关于印发"衢六味"遴选工作方案的通知

市农科院、市农作站、市食药检院、各县（市、区）市场监管局、经信局、卫计局、农业局、林业局：
《"衢六味"遴选工作方案》经五部门联席会议审议通过，现

"衢六味"评审意见

根据《关于印发"衢六味"遴选工作方案的通知》(衢市监综〔2018〕25号)和《关于开展"衢六味"遴选工作的通知》(衢市监综〔2018〕42号)的有关精神，2018年8月2日，衢州市市场监督管理局邀请有关行业专家对"衢六味""十二选六"进行评审推荐，形成如下意见：

一、中药材是衢州市农业主导产业之一，种植历史悠久，道地品种众多，开展"衢六味"遴选对提升产业发展，打造区域品牌有积极意义。

二、根据提供材料和相关部门情况介绍，经评议打分，建议将衢枳壳、白及、陈皮、猴头菇、白花蛇舌草、黄精列入"衢六味"。

三、建议将覆盆子、三叶青、白芍、莲子、葛根、蜂蜜列入衢州培育品种。

四、建议衢州市围绕重点品种，在资源保护、基地建设、标准制定、产地加工、产品开发、品牌创建等方面，加大扶持力度，促进衢州中药材产业向高质量、高水平、竞争力发展。

审评专家：

第1页共1页

图 15-1 "衢六味"相关文件

一、白花蛇舌草

白花蛇舌草，又名蛇舌草、蛇舌癀、蛇针草、蛇总管、二叶葎、白花十字草、尖刀草、甲猛草、龙舌草、蛇脷草、鹤舌草等，为茜草科耳草属一年生草本植物。商品药材表现为全草扭缠成团状，灰绿色至灰棕色。近年来，由于野生资源日益减少，其市场出现缺口，价格不断上升，发展人工种植前景看好。

白花蛇舌草全草均可入药。其味甘、淡，性寒凉，入胃、大肠、小肠经。具有清热解毒、利湿通淋的功效，可用于痈肿疮毒、咽喉肿痛、毒蛇咬伤等症。白花蛇舌草与红藤、败酱草等同用，可用治肠痈；与银花、连翘等同用，可治疗疮疖肿毒等症；可用于用于湿热黄疸、小便不利等症；与山栀、黄柏、茵陈等同用，可治湿热黄疸；与白茅根、车前子、茯苓等同用，可治小便不利等症；临床还可以用于病毒性肝炎、肝硬化的治疗。近年来利用白花蛇舌

草的清热解毒消肿功效，也已广泛用于癌症的治疗。

白花蛇舌草主要产于福建、广东、广西、云南、浙江、江苏、安徽等地。生长于潮湿的田边、沟边、路旁和草地。据《衢州市志》记载，1993年衢州市白花蛇舌草年产量就有10吨。近年来，在衢州地区种植栽培推广快速，现人工种植面积约2 000亩，年产量约1 000吨，年产值约1 000万元，主要集中在开化等区域。

二、黄精

黄精，又名老虎姜、鸡头参、黄鸡菜、节节高等，为百合科植物黄精、多花黄精或滇黄精的干燥根茎。按形状不同，习称大黄精、鸡头黄精、姜形黄精。

黄精性味甘平，有滋肾润肺、补脾益气之功效，常用来治疗阴虚肺燥、脾胃虚弱、肾虚精亏引发的干咳劳嗽、食少倦怠、腰膝酸软、头晕及发须早白诸症。冬季养生进补，以养阴填精、益肺脾肾为要，故选黄精最为适宜。除药补外，黄精在食疗中也大有用场，李时珍在《本草纲目》曾说"黄精为服食要药"。春、秋两季采挖，除去须根，洗净，置沸水中略烫或蒸至透心，干燥。黄精温补平补，且蒸煮后，除去涩感，味道甜，所以用黄精泡茶泡酒或煲汤，每天吃一点，用于补气健肾。

大黄精主产于河北、内蒙古、陕西等地。多花黄精主产于贵州、湖南、云南、安徽、浙江等地。滇黄精主产于贵州、广西、云南等地。衢州各县区均有广泛分布，野生资源多、品质优，以长梗黄精居多。随着政府的引导和市场的推动，近几年，衢州地区开始尝试人工种植。目前衢州市已有人工种植黄精6 000多亩，产量约1 200吨，产值约7 000万元，开发了黄精酒、食品黄精等延伸产品。

三、白及

白及为兰科白及属多年生草本植物，别名白根、地螺丝、白鸡娃、羊角七、紫兰、刀口药、连及草等。近年来，野生白及被严重地私挖滥采，其产量和品质呈逐年下降趋势。人工栽培白及不仅可以获取效益回报，对野生资源也是一种有效的保护。

白及以干燥块茎入药。性微寒，味苦、甘、涩，具收敛止血、消肿生肌等功效，主治肺结核咳血、支气管扩张咯血、胃溃疡吐血、尿血、便血等症；外用治外伤出血、烧烫伤、手足皲裂等症。白及止血效果特好，现在用白及做的胶膜块，用于肝脾手术贴在刀口处，代替血钳子，效果特好。白及具有快速凝血作用，以其为原料制作的代血浆多用于外科手术。

白及原产于我国，主产于贵州、云南、四川、陕西、甘肃等省，在长江流域及以南各省份亦有分布。衢州市作为浙江省内白及综合水平领先的地市，不仅具有系列化供应白及组培苗、驯化苗、种子直接苗、块茎苗能力，年产各类种苗 5 000 万株，种苗还广泛供应至国内云南、陕西等 10 多个省份，是全国最大的白及种苗生产供应基地。衢州市白及人工种植面积约 3 000 亩，年产值约 6 亿元。

四、猴头菇

猴头菇又称为猴头、猴头蘑、菜花菌、刺猬菌、对脸蘑、山伏菌等，为猴头菌科猴头菇属的菌植物。野生猴头菇多生长在柞树等树干的枯死部位，喜欢低湿。

猴头菇性平、味甘。利五脏，助消化；具有健胃、补虚、抗癌、益肾精之功效。可治消化不良、胃溃疡、胃窦炎、胃痛、胃胀及神经衰弱等疾病。近年来，更引人注目的是其抗癌作用。经鉴定，病人服药后，症状改善，食欲增加，疼痛缓解。对部分肿瘤病人还有提高细胞免疫功能、缩小肿块和延长生存时间的疗效。

猴头菇主要出产于黑龙江、吉林、辽宁、河南、河北、西藏、山西、甘肃、陕西、内蒙古、四川、湖北、广西、浙江等地。其中以东北大兴安岭、西北天山和阿尔泰山、西南横断山脉、喜马拉雅山等林区尤多。20 世纪 80 年代，常山猴头菇闻名全国，产量位居世界之首。90 年代之前是用瓶子进行猴头菇子实体培养，90 年代后改用塑料袋栽培。2015 年，常山猴头菇获得国家农产品地理标志登记，"森力牌"猴头菇荣获第十三届中国国际农产品交易会金奖。目前，衢州市年种植规模约 750 万袋，年产量约 4 500 吨，年产值约 4 500 万元。

五、衢桔壳

衢枳壳为芸香科植物胡柚的干燥未成熟果实，在7月果皮尚绿时采收，自中部横切为两半，晒干或低温干燥；或经切片晒干、炮制加工而成的中药。

衢枳壳是入药的上品，其味苦、辛、酸，微寒。归脾、胃经。具理气宽中、行滞消胀等功效。具有止咳化痰、健脾消食的良好作用。据《本草纲目》记载："柚（气味）酸、寒、无毒、有消食、解酒毒、治饮酒口气，去肠胃恶气、疗妊不思食、口淡之功能。"药学界研究证明，衢枳壳中的柚皮苷、柠碱（苦味物质）对微细血管扩张、抑制血糖有一定的功能。此外，胡柚性凉，还具有清热解毒、平喘化痰、生津止咳、醒酒醒脑、消食利尿功能，胡柚鲜果中较高含量的超氧化物歧化酶，能延缓组织衰老，经常食用能起到延年益寿的效果。

胡柚主要分布于广西、江苏、江西、浙江、湖南、湖北等地区。衢州是衢枳壳传统道地产区，已有600年的种植历史，目前全市胡柚种植面积约12万亩，年产量约6 000吨，年产值约2亿元，主要集中在常山县的青石、天马、芳村、何家、同弓、球川等乡镇。衢枳壳产业在衢州市范围内经过多年的扶持和发展，已经形成了较强的技术优势和广阔的发展空间，通过增产和品质提高，直接带动农民增收1.5亿元以上，既保护了生态环境，又取得了社会效益和经济效益的双丰收。

六、衢陈皮

衢陈皮是以芸香科柑橘属柑橘及其栽培变种（主要为椪柑、朱橘等）的成熟鲜果为材料，通过净选、开皮、翻皮、干皮、包装、贮藏和陈化等过程加工而成的中药。

衢陈皮干燥后可放置陈久，故称陈皮，具药食两用的功效。其主要成分是橙皮苷、川陈皮素、柠檬烯、α-蒎烯、β-蒎烯、β-水芹烯。具理气健脾、燥湿化痰功效。主治脘腹胀满、食少吐泻、咳嗽痰多等症。也常用于烹制某些特殊风味的菜肴，如陈皮牛肉、陈皮鸡丁等。还可用于制蜜饯、酵素等衍生食品和保健品。与苍术、厚朴等同用，用于中焦寒湿脾胃气滞者，治疗脘腹胀痛、恶心呕吐、泄泻；与山楂、神曲等同用，用于食积气滞、脘腹胀痛者；

与枳实、生姜等同用，用于胸痹、胸中气塞短气者。

衢陈皮主产于福建、浙江、广东、广西、江西、湖南、贵州、云南、四川等地。衢州是著名的柑橘之乡，也是衢陈皮原主要产区。衢江区湖南镇有其独特的环境小气候，夏季昼夜温差相对较大，相对湿度较高，该地区产出的柑橘品质极高，衢陈皮品质自然也高。目前衢州市常年种植面积16.5万亩，年产衢陈皮原材料5 000余吨，年产值约5 000万元。

第二节　丽九味

一、处州本草"丽九味"培育品种遴选大事记

背景意义：中医药是中华民族传承数千年的国粹，是传统文化的一大瑰宝。中药产业是丽水市具有良好基础和发展前景的惠民富民产业，也是大健康产业的重要组成部分。为贯彻落实丽水市委市政府关于坚定不移走绿色生态发展之路精神，紧抓生态产品价值实现机制试点契机，加快培育中药材区域公共品牌，为共同富裕示范区增彩添色，特开展处州本草"丽九味"培育品种评选工作。自2021年6月，丽水市农业农村局牵头启动评选工作，相关大事记如下。

2021年6—8月，丽水市农业农村局咨询浙江省农业农村厅、温州市农业农村局等相关部门，学习新浙八味、温产名道地药材评选相关流程、方案等内容，初步制定处州本草"丽九味"培育品种遴选方案。

2021年9月23日，丽水市中药材产业协会开展了处州本草"丽九味"集体商标注册（图15-2），2022年5月6日通过初审。

2021年12月3日，《丽水市农业农村局等八部门关于开展处州本草丽九味培育品种评选工作的通知》（丽农发〔2021〕127号）文件下发（图15-3），确定了评选活动的相关方案，包括活动组织、评选基本原则和评选标准

等内容，确定各县（市、区）根据相关内容推荐 3 ～ 5 个候选品种，同时在丽水日报报业传媒集团旗下各大媒体上公布处州本草丽九味培育品种评选活动，社会大众可参与推荐。文件还确定了后续网络评审（占比 30%）、专家评审（占比 70%）等相关方案内容。

2021 年 12 月—2022 年 1 月，各地根据评选标准共推荐 18 个品种，具体包括黄精、覆盆子、皇菊、铁皮石斛、三叶青、华重楼、食凉茶、白及、处州白莲、灵芝、百合、五加皮、灰树花、米仁、浙贝母、菊米、白芍、白花前胡。

2022 年 7 月 5—9 日，在处州晚报微信公众号上对 18 个后续品种开展了社会大众网络投票，18 个品种总票数 26 460 票，其中铁皮石斛以 1 906 票排第一，前胡 948 票最少。

2022 年 7 月 29 日，在丽水市农业农村局召开处州本草“丽九味”培育品种专家评审会。经专家打分 + 网络投票得分，最终结果出炉。

处州本草“丽九味”：灵芝、铁皮石斛、三叶青、黄精、覆盆子、处州白莲、食凉茶、薏苡仁、皇菊。

2022 年 8 月 2—8 日，在丽水市人民政府政务公开栏公示。

第 59400265 号

商标注册证

（集体商标）

该商标使用管理规则详见第1802期《商标公告》

核定使用商品/服务项目（国际分类：5）

第5类：中药材；药用灵芝；药用百合；药用石斛茎；药用铁皮石斛；药用三叶青；药用浙贝母；药用黄精；药用菊米；药用皇菊；药用华重楼；药用薏苡；药用柳叶蜡梅（截止）

注 册 人 丽水市中药材产业协会

注册人地址 浙江省丽水市莲都区天宁工业区117号301室

注册日期 2022年08月07日 有效期至 2032年08月06日

局 长

发证机关

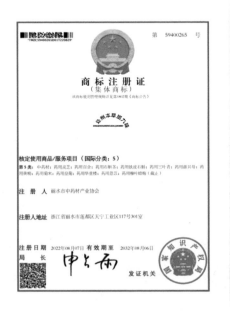

图 15-2 “丽九味”集体商标注册

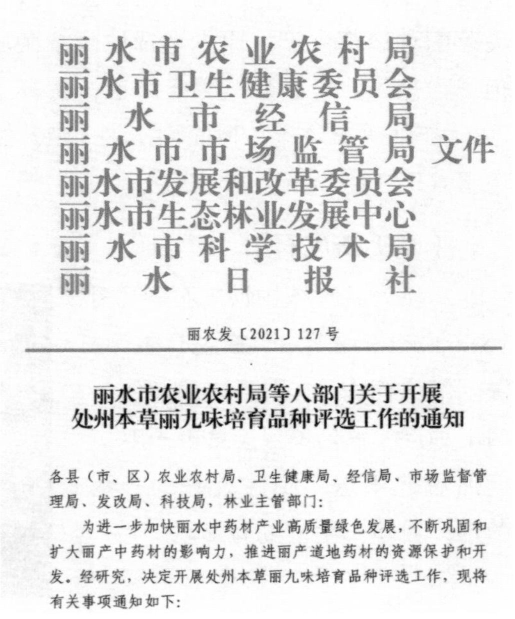

丽水市农业农村局
丽水市卫生健康委员会
丽水市经信局
丽水市市场监管局 文件
丽水市发展和改革委员会
丽水市生态林业发展中心
丽水市科学技术局
丽水日报社

丽农发〔2021〕127 号

丽水市农业农村局等八部门关于开展处州本草丽九味培育品种评选工作的通知

各县（市、区）农业农村局、卫生健康局、经信局、市场监督管理局、发改局、科技局，林业主管部门：

为进一步加快丽水中药材产业高质量绿色发展，不断巩固和扩大丽产中药材的影响力，推进丽产道地药材的资源保护和开发。经研究，决定开展处州本草丽九味培育品种评选工作，现将有关事项通知如下：

图 15-3 “丽九味”培育品种评选工作通知

二、处州本草"丽九味"简介

（一）灵芝

本品为灵芝科灵芝属真菌灵芝（图15-4）或紫芝的干燥子实体，又名红芝、赤芝，具有补气安神、止咳平喘的功效，用于心神不宁、失眠心悸、肺虚咳喘、虚劳短气、不思饮食。丽水龙泉灵芝历史文化悠久，古时就产灵芝。据龙泉县志记载，两宋时期龙泉灵芝在全国已有一定地位。

图15-4　灵芝

1996年国务院经济发展研究中心授予龙泉市"中华灵芝第一乡"称号，2010年、2011年"龙泉灵芝""龙泉灵芝孢子粉"先后被国家质监总局批准为国家地理标志保护产品，2015年国际药用菌学会授予龙泉市"中国灵芝核心产区"称号。2018年龙泉市发布实施了团体标准——《龙泉灵芝生产技术规程》，标准的实施，规范了龙泉灵芝菌种选育生产、原木选择砍伐、菌段制作、菌段培养、栽培管理、灵芝孢子粉采集、干制贮藏等各环节，提高了灵芝和灵芝孢子粉质量安全水平。2021年丽水市灵芝种植面积1 215亩，投产面积1 120亩，产量444.20吨，产值6 523.47万元。

（二）铁皮石斛

本品为兰科植物铁皮石斛（图15-5）的干燥茎，具有益胃生津、滋阴清热等功效，用于热病津伤、口干烦渴、胃阴不足、食少干呕、病后虚热不退、阴虚火旺、骨蒸劳热、目暗不明、筋骨痿软。

丽水市最早的铁皮石斛家种基地为2010年庆元县松源街道上

图15-5　铁皮石斛

庄村柳直洋的庆元县恒寿堂基地，此后面积从 2012 年的 279 亩发展到 2016 年的 1 479 亩，龙泉市科远铁皮石斛专业合作社从 2013 年就开始引进老梨树，探索在梨树等树上进行铁皮石斛仿野生栽培的生态种植技术，最大程度上利用了丽水市优越的自然环境资源，提升铁皮石斛品质，各地基地也开始推广相关仿野生栽培技术，编制丽水市地方标准《铁皮石斛活树附生栽培技术规程》。浙江龙泉唯珍堂农业科技有限公司和缙云县双峰绿园家庭农场 2 个铁皮石斛基地被认定为浙江省道地药园。2021 年丽水市铁皮石斛种植面积 2 816 亩，投产面积 2 485 亩，产量 238 吨，产值 1 3763.90 万元。

（三）三叶青

本品为葡萄科崖爬藤属植物三叶崖爬藤（图 15-6）的干燥全草，又名金线吊葫芦、蛇附子、石猴子等，具有清热解毒、祛风活血等功效，用于小儿高热惊风、百日咳、淋巴结结核、毒蛇咬伤、肺炎、肝炎、肾炎、风湿痹痛等，被誉为"天然抗生素"，相关产品有三叶青茶、三叶青超微粉和中成药等。

图 15-6　三叶崖爬藤

浙江的三叶青药性属上品，丽水市从 2012 年来开始开展三叶青野生变家种种植，种植面积从 2012 年的 30 亩发展到 2020 年的 5 950 亩，遂昌、龙泉等地发展较快，主要种植模式有大棚栽培、毛竹林和杉木等林下仿生态种植模式等，其中遂昌县青苗中草药专业合作社和龙泉市秉松中药材专业合作社的三叶青基地被认定为浙江省道地药园。2021 年丽水市三叶青种植面积 6 250 亩，投产面积 2 084 亩，产量 287.63 吨，产值 6 502.02 万元。

（四）黄精

本品为百合科植物滇黄精、黄精或多花黄精的干燥根茎，又名千年运、山姜。黄精具有补气养阴、健脾、润肺、益肾等功效，用于脾胃气虚、体倦乏力、胃阴不足、口干食少、肺虚燥咳、腰膝酸软、须发早白、内热消渴等。

明代宋濂《看松庵记》载："龙泉多大山，其西南一百余里诸山为尤深……松根茯苓其大如斗，杂以黄精、前胡及牡鞠之苗，采之可茹。"说明当时丽水龙泉一带有野生黄精分布，且在明朝时就有采收食用的习惯。

丽水最早的黄精家种基地为2013年庆元县宜屏都街道余村村的锥栗林下套种多花黄精基地，此后全市各地黄精种植基地（图15-7）发展迅速，面积从2013年的180亩迅速发展至2020年的16 545亩，后续发展势头依然迅速。庆元、景宁等地发展较快，其中丽水亿康生物科技股份有限公司、云和县东成家庭农场有限

图15-7　黄精种植基地

公司、松阳县君凯安农家庭农场和景宁畲翰农业发展有限公司的4个黄精基地被认定为浙江省道地药园。2021年丽水市黄精种植面积21 524亩，投产面积4 240亩，产量1 081.40吨，产值6 971万元。

（五）覆盆子

本品为蔷薇科植物华东覆盆子的干燥果实（图15-8），夏初果实由绿变绿黄时采收，除去梗、叶，置沸水中略烫或略蒸，取出，干燥。具有益肾、固精、缩尿、养肝、明目等功效，用于遗精滑精、遗尿尿频、阳痿早泄、目暗昏花。

丽水各地覆盆子野生资源丰富，且以掌叶覆盆子居多。种植

图15-8　覆盆子干燥果实

面积从2014年的205亩迅速发展至2020年的25 455亩，莲都、青田等地发展较快，同时还开发出了覆盆子粉、覆盆子固体饮料、覆盆子康养饮片等茶品。

2018年成立了丽水市覆盆子行业协会，2020年成功申请了"丽水覆盆子"

国家地理标志证明，2021 年丽润 1 号无刺覆盆子入选国家林草局的植物新品种权名单。据统计，2021 年丽水市覆盆子种植面积 25 824 亩，投产面积 17 399 亩，产量 1 424.38 吨，产值 10 144.13 万元。

（六）处州白莲

本品为睡莲科莲属植物莲的干燥成熟种子，具有补脾止泻、止带、益肾涩精、养心安神等功效，用于脾虚泄泻、带下、遗精、心悸失眠。处州莲子在丽水市莲都区有悠久的种植历史，《处州府志》中载："其濠阔处，半植荷芰，名荷塘。"丽水古称处州，城因莲形，故谓莲城。早在南宋，著名诗人范成大在处州任郡守时，因爱处州白莲而在府内构筑"莲城堂"赏荷品莲。大戏剧家汤显祖任处州府遂昌县令时，因莲亦多诗涉"莲城"。至清嘉庆六年（1802），处州白莲成为皇家贡品，被称"贡莲"，每年进贡十二担。自2008 年以来莲都区委区政府高度重视处州白莲产业培育发展，推动种植基地建设（图 15-9），2012 年开始莲都区每年都举办处州白莲节，打造"处州白莲"这张金名片，打响莲都特色文化品牌，推动白莲养生休闲旅游业发展。2014年编制丽水市地方标准《处州白莲生产技术规范》，2021 年丽水市处州白莲种植面积 6 520 亩，产量 325.30 吨，产值 2 915.70 万元。

图 15-9　处州白莲种植基地

（七）食凉茶

本品为蜡梅科蜡梅属植物柳叶蜡梅或浙江蜡梅的干燥叶（图15-10），又名食凉餐、食凉青、石凉撑等，具有祛风解表、清热解毒、理气健脾、消导止泻等功效，用于风热表证、脾虚食滞、泄泻、胃脘痛、嘈杂、吞酸等。

图 15-10　食凉茶

丽水柳叶蜡梅野生资源丰富，是著名民间传统复方茶饮松阳端午茶的主要药材之一，也是景宁畲族医药的重要一味。2014年4月国家卫计委批准柳叶蜡梅为新食品原料，2015年版《浙江省中药炮制规范》将食凉茶以畲族习用药材名义收载，2014年食凉茶柳叶蜡梅种植的丽水市地方标准 DB3311/T 31—2014《柳叶蜡梅栽培技术规程》发布。2021年丽水市食凉茶种植面积947亩，投产面积650亩，产量263.30吨，产值523.70万元。

（八）皇菊

本品为菊科菊属植物菊的干燥头状花序，11月花盛开时分批采收，焙干。具有散风清热、平肝明目、清热解毒等功效。皇菊可以直接开水冲泡作为菊花茶饮用（图15-11），还开发出了如菊花饼、菊花酒、菊花糕、菊花月饼等食品。皇菊的主要产地分布于江西、浙江、安徽等地，其中丽水主要栽培在青田、莲都、松阳等地。

图 15-11　菊花茶

2013年丽水市轩德皇菊开发有限公司从江西婺源引进120亩皇菊在莲都岩叶平头村发展种植，2021年通过中国良好农业规范认证。2021年轩德皇菊制定发布丽水市地方标准 DB3311/T 189—2021《皇菊栽培技术规程》。据统计，2021年丽水市皇菊种植面积1 565亩，投产面积1 565亩，产量27.20吨，产值3 800万元。

附录

"婺八味"中药材区域公用品牌管理规范

T/ZJZYC 005—2023

1 范围

本文件规定了"婺八味"中药材区域公用品牌的术语和定义、管理原则、申请与使用、管理与维护等内容。

本文件适用于"婺八味"中药材区域公用品牌的管理。

2 规范性引用文件

下列文件对于本标准的应用是必不可少的。凡是注日期的引用文件，仅所注日期的版本适用于本标准。凡是不注日期的引用文件，其最新版本（包括所有的修改单）适用于本文件。

GB/T 29467 企业质量诚信管理实施规范

GB/T 39906 品牌管理要求

3 术语和定义

下列术语和定义适用于本标准。

3.1 "婺八味"中药材

产在金华市行政区域范围内、遵循相关生产管理、质量稳定且具有较高知名度的中药材，主要品种有佛手（金）、铁皮石斛、浙贝母、元胡（浙）、灵芝、莲子、金线莲和白术，培育品种有代代、枇杷、生姜和玄参。

3.2 "婺八味"区域公用品牌

指由金华市农业技术推广与种子管理中心注册的"婺八味"商标。见附录A。

3.3 管理方

是指"婺八味"中药材区域公用品牌商标管理和培育的责任主体，本文件中为金华市农业技术推广与种子管理中心。

3.4 使用方

是指通过授权，使用"婺八味"区域公用品牌商标的责任主体。

4 管理原则

坚持自愿申请、依法管理和依规使用。

5 申请与使用

5.1 申请使用条件

申请使用"婺八味"区域公用品牌商标的主体，须具备以下条件：

a）生产的是"婺八味"中药材，申报主体和生产基地均在金华市行政区域范围内。

b）具备一定的生产规模，建立稳定的质量控制和生产全过程追溯制度。两年内无产品质量抽查不合格现象、无质量安全事件和植物疫病。

c）积极履行社会责任，具有良好的社会信誉，注重生态环境保护，传承地方人文历史和中医药文化。

5.2 申请使用程序

申请使用程序如下：

a）符合条件的主体自愿向管理方递交《申请书》。《申请书》见附录B。

b）管理方在收到申请书30个工作日内，进行材料审核和现场实地核验，形成认定结果。

c）认定结果公示。

d）公示无异议，管理方与使用方双方签订《"婺八味"区域公用品牌商标授权使用协议书》，颁发使用证书，《协议书》见附录C。

5.3 使用管理要求

使用管理应符合以下要求：

a）管理方应加强对"婺八味"区域公用品牌商标使用方的监督管理。

b）使用范围：在许可产品的标签、包装、说明书及其它附着物上使用"婺八味"区域公用品牌商标；在许可产品展示、推介等活动中使用"婺八味"区域公用品牌商标；在宣传许可产品和服务的各类广告中使用"婺八味"区域公用品牌商标；在不违反该"婺八味"区域公用品牌管理办法规定的其他情形下使用"婺八味"区域公用品牌商标。

c）使用方设计附有"婺八味"区域公用品牌商标的包装、标签、广告等情形时，要严格按照"婺八味"区域公用品牌商标的设计图案使用，不得自行改变该标识的文字、图案及其组合和比例，样稿须报管理方审核同意备案后，方可自行印制使用，并要做好商标标识印制台账。

d）使用方不得转让、出售、转借、馈赠"婺八味"区域公用品牌商标标识、包装。

e）"婺八味"区域公用品牌商标和企业商标共同使用时，区域公用品牌商标的字号应大于企业商标的字号，且排列在企业商标之前或之上，并符合国家关于产品包装标签、标识相关规定。

6 管理与维护

6.1 管理方责任

制定管理办法、发展战略、运作模式，监管主体合理使用，对违反管理的主体收回"婺八味"区域公用品牌商标使用权。品牌管理要求按照 GB/T 39906 执行。

6.2 使用方责任

按照《"婺八味"区域公用品牌商标授权使用协议书》，进行生产经营。使用方主动退出"婺八味"区域公用品牌商标使用权时，需说明退出理由，经管理方确认，三年内不再受理其申请。质量诚信管理宜按照 GB/T 29467 执行。

6.3 使用期限

"婺八味"区域公用品牌商标授权使用期限一般可为三年，到期未出现违规行为，则自动续签。

附录 A

（资料性附录）

"婺八味"商标注册证

A.1 "婺八味"商标注册证

"婺八味"商标注册证见图 A.1。

图 A.1 "婺八味"商标注册证

附录 B

（资料性附录）

"婺八味"区域公用品牌商标使用申请表

B.1 "婺八味"区域公用品牌商标使用申请表

"婺八味"区域公用品牌商标使用申请表见表 B.1。

表 B.1 "婺八味"区域公用品牌商标使用申请表

申请单位名称					
统一社会信用代码					
单位地址及邮编					
单位性质	国营□	私营□	合资□	外企□	其他□
法定代表人			联系电话		
单位联系人			联系电话		
传真电话			电子邮箱		
从业人数		人	生产基地面积		亩
单位简介（发展历程、所获荣誉等）					
申报产品介绍					
申请单位承诺：上述所填材料真实、有效、可查。 　　　　　　　　　　　　　　　　　　签字（盖章）： 　　　　　　　　　　　　　　　年　　月　　日					
县（市、区）主管部门或协会推荐意见		签字（盖章）： 　　　　年　　月　　日			
管理方审批意见		签字（盖章）： 　　　　年　　月　　日			
填表须知					
1. 申请表及所附材料均为一式两份。 2. 申请单位及其负责人须签名盖章，对所填内容负法律责任。 3. 有其他佐证材料（如：企业认证证书、荣誉证书、产品认证证书（"二品一标"证书等）等）、产品质量评估报告、生产标准规范等材料可一同附上。					

附录 C

（资料性附录）

"婺八味"区域公用品牌商标使用协议书

C.1 "婺八味"区域公用品牌商标使用协议书

"婺八味"区域公用品牌商标使用协议书见表 C.1。

表 C.1 "婺八味"区域公用品牌商标使用协议书

管理方：_____（以下简称"甲方"）

使用方：_____（以下简称"乙方"）

合同签订地：_____

甲乙双方根据《中华人民共和国商标法》《商标法实施条例》和《"婺八味"区域公用品牌管理规范》的规定，经过友好协商，签订本商标授权合同。

一、授权的商标概况

使用许可的商标：_____图样：_____。

商标注册证号码：_____核定使用商品：_____。

授权乙方使用商标的商品种类：

产品名称	基地名称	面积（亩）	产品数量	标志使用数量	标志使用方式

二、使用的形式

商标使用的形式：__非排他使用许可。__

三、许可使用期限

使用期限为__年，即从_____年__月__日起至_____年__月__日止。合同期满，如需延长使用时间，由甲乙双方另行续订商标合同。

四、使用费

甲方商标无偿许可给乙方使用。

五、质量保证措施

（一）甲方监督商品质量的措施

1.甲方可对乙方的商品进行不定期的检查或者抽检，对发现的不合格产品，有权要求乙方撤除甲方商标。甲方按照相关授权产品的国家或者行业标准进行检查或者抽检。

2. 甲方应积极参与、协助乙方打击第三方的任何假冒本许可使用商标进行生产或者销售的侵权行为，费用由乙方承担。

（二）乙方保证商品质量的措施

1. 自愿接受并积极配合甲方对商品的产品质量的监督抽查，及甲方对不合格商品的处理要求。

2. 乙方可向甲方申请技术指导。

六、其他约定：

1. 乙方自主进行企业的生产、管理、销售，独立承担经营风险，自负盈亏。甲方不得干涉乙方的正常生产经营活动。

2. 乙方应在自己的产品上正确标明名称和地址，严禁只是标注甲方商标。

3. 乙方必须维护甲方商标的声誉，乙方生产经营过程中的一切法律责任应自行承担。

4. 乙方可按照甲方提供的商标样式，自行制作文字、图形商标、包装袋、吊牌、产品宣传品、防伪贴、合格证等辅料，上述物品必须经甲方认可后乙方方可使用。

5. 本合同终止时，乙方应该立即终止使用该商标，在此时间内，甲方允许乙方以下列方式处理库存产品：经甲方检验后，乙方合格产品允许在半年内继续销售（凡私自生产或半年后继续销售的，以侵权论）。

七、争议解决方式：

本合同履行期间，如果发生争议，双方应该协商解决，协商不成，任何一方可向签约地人民法院提起诉讼。

八、未尽事宜，双方可另签补充协议，补充协议与本合同具有同等法律效力。

本合同一式贰份，甲方壹份，乙方壹份。合同自双方签字盖章之日起生效。

甲方（盖章）：   乙方（盖章）：

法定代表人：   法定代表人：

日期：   年 月 日   日期：   年 月 日

"婺八味"中药材生产技术规程

T/ZJZYC 006—2023

1 范围

本文件规定了"婺八味"中药材产地要求、良种要求、栽培管理、采收和产地初加工、包装与储运管理、生产记录管理、药材产品质量和生产技术要点等内容。本文件适用于"婺八味"中药材的生产。

2 规范性引用文件

下列文件对于本标准的应用是必不可少的。凡是注日期的引用文件，仅所注日期的版本适用于本标准。凡是不注日期的引用文件，其最新版本（包括所有的修改单）适用于本文件。

GB 3095 环境空气质量标准

GB 5084 农田灌溉水质标准

GB 15618 土壤环境质量农用地土壤污染风险管控标准（试行）

GB/T 191 包装储运图示标志

GB/T 6543 运输包装用单瓦楞纸箱和双瓦楞纸箱

GB/T 8321.10 农药合理使用准则（十）

GB/T 8946 塑料编织袋通用技术要求

NY/T 393 绿色食品农药使用准则

NY/T 496 肥料合理使用准则通则

NY/T 525 有机肥料

NY/T 1276 农药安全使用规范总则

DB33/T 381 白术生产技术规程

DB33/T 468.3 枇杷绿色生产技术规程

DB33/T 487 玄参生产技术规程

DB33/T 532 浙贝母绿色生产技术规范

DB33/T 635 铁皮石斛生产技术规程

DB33/T 985 段木灵芝生产技术规范

DB33/T 2198 铁皮枫斗加工技术规范

DB33/T 2289 金线莲生产技术规范

DB33/T 2390 道地药园建设通用要求

《中华人民共和国药典》（2020 年版）一部

《浙江省中药炮制规范》（2015 年版）

《浙江省中药材标准》

3 术语和定义

下列术语和定义适用于本文件。

3.1 "婺八味"中药材

产在金华市行政区域范围内、遵循相关生产管理、质量稳定、且具有较高知名度的中药材，主要品种有佛手（金）、铁皮石斛、浙贝母、元胡（浙）、灵芝、莲子、金线莲和白术，培育品种有代代、枇杷、生姜和玄参。

4 产地要求

应符合 DB33/T 2390 要求，选择生态条件良好、远离交通主干道、无污染源或污染物含量控制在允许范围之内的农业生产区域。根据种植药材的生长特性和对生态环境要求，选择交通便利、水源充足、排水良好、且土壤、海拔、坡向、前茬作物等适宜的地块。灌溉水质应符合 GB 5084 规定的农田灌溉水质标准，土壤环境质量应符合 GB 15618 的规定，大气环境质量应符合 GB 3095 的规定。

生产基地选址和建设应当符合国家和地方生态环境保护要求。

5 良种要求

应符合 DB33/T 2390 要求，优先采用经国家、省有关部门审定（认定）、通过国家新品种保护公告登记的优良品种，基地选用的每批次种子种苗来源应明确，具有物种鉴定证书或品种审定（认定）证书。鼓励主体建立良种繁育基地，或使用具有中药材种子种苗生产经营资质单位繁育的种子种苗或其他繁殖材料。宜推广使用健康脱毒种苗。

6 栽培管理

6.1 生态化栽培

推行减肥减药生态化生产技术。开展精准施肥，以有机肥为主，有机肥应符合 NY/T 525 的要求；宜推广无烟草木灰（焦泥灰）技术；化学肥料定额使用，肥料使用应符合 NY/T 496 的要求。不应使用壮根灵、膨大剂等作用于产品采收器官的生长调节剂。

6.2 病虫草害绿色防控

病虫草害防控遵循"预防为主、综合防治"原则，优先采用农业、物理、生物等绿色防控技术。

农药使用应符合 GB/T 8321.10、NY/T 393 和 NY/T 1276 的规定。中药材病虫害防治主要登记农药使用技术见附录 A。

6.3 生产质量技术管理

建立以质量为中心、符合生产实际的生产管理与质量管理制度。

7 采收与产地初加工

7.1 采收管理

遵循传统经验，坚持质量优先、兼顾产量的原则，确定采收年限、采收时间等。

7.2 产地初加工管理

初加工场所的选址、环境卫生，以及原料采购、加工等环节的场所、设施、人员等参照 DB33/T 2390 的相关规定。

产地初加工采用拣选、清洗、去除非药用部位、干燥或保鲜以及其他特殊加工的流程和方法。遵循传统方式，鼓励采用不影响药材质量的机械化采收方法。鼓励采用产地集中趁鲜切制、"共享车间"等加工方式。

8 包装与储运管理

8.1 包装管理

对加工后的药材进行合理包装。包装袋应有清晰标签，标签不易脱落或损坏；标示内容包括品名、产地、规格、数量或重量等信息，鼓励增加追溯标志。外包装的储运图示标志应符合 GB/T 191 的规定，外包装纸箱应符合 GB/T 6543 的规定，编织袋应符合 GB/T 8946 的规定。

8.2 储运管理

根据药材包装、温湿度、光照对药材质量的影响，制定适宜的储藏运输规范。贮存仓库应通风、干燥、避光，并具有防鼠、虫、畜禽的措施。地面应整洁，无缝隙。运输工具应清洁、卫生、无污染，不应与有毒、有害、有异味的物品混运。

9 生产记录管理

鼓励实施生产信息体系建设，建立生产合格证制度，建立产前农业投入品记录、生产过程记录以及采收、初加工、储藏与运输记录制度，记录应真实、完整、连续，推荐生产全过程推行"二维码"追溯管理，记录档案保留三年。生产管理记录表见附录B。

10 药材产品质量

药材产品，其外观性状应符合该种药材固有的外观、形状、颜色、大小等，且符合《中华人民共和国药典》《浙江省中药炮制规范》《浙江省中药材标准》

的要求。药材所含重金属和农药残留量应符合《中华人民共和国药典》的要求，且每批（年）药材质量应有取得有资质的第三方评价报告。

11 生产技术要点

11.1 佛手（金）

11.1.1 品种

应选择适应性强、抗病性强、丰产性好的优良品种，如"青皮""阳光"等，优先选择枳砧嫁接苗或者枳-胡柚中间砧嫁接苗。

11.1.2 地块

选择阳光充足、排水良好、立地开阔、肥沃疏松的田块。

11.1.3 栽培

11.1.3.1 种植时间

种植时间宜在3月~4月或10月~11月。

11.1.3.2 肥水管理

基肥：10月~11月，每株施有机肥25.0 kg~30.0 kg、草木灰1.5 kg~2.5 kg，高浓度氮磷钾复合肥1.0 kg~1.5 kg。

追肥：视苗情适度追施高浓度氮磷钾复合肥。3月中旬，每株追施1.0 kg~1.5 kg；开花盛期，每株追施2.0 kg~2.5 kg；小暑前后，每株追施2.0 kg~2.5 kg。结果期，每株每次追施1.0 kg~1.2 kg，每20 d左右追施1次，连续2次~3次。

土壤湿润的情况可全年不灌水。雨季及时开沟排水，防止田块积水。

11.1.3.3 病虫害防控

病虫害主要有灰霉病、柑橘疮痂病、根腐病、炭疽病以及蚜虫、红蜘蛛、潜叶蝇（蛾）、蓟马、斜纹叶蛾、蚧壳虫等。

合理使用农药，科学防治。

11.1.4 采收与初加工

从9月下旬起，果实陆续成熟，当果皮由绿色变为浅黄绿色时，选择晴天分批采摘，至冬季采完，用剪刀剪下，勿伤枝条。

果实用刀顺切成薄片，逐片摊晒至干。如遇阴雨，用低温烘干。

11.2 铁皮石斛

11.2.1 品种

宜选用适应性强、抗病性强、品质优、丰产性好的优良品种，鼓励选用通过审（认）定的品种，如"仙斛1号""仙斛2号""仙斛3号""森山1号"等。

11.2.2 地块

应选择生态条件良好、水源清洁、立地开阔、通风、向阳、排水良好的田块，要求周围 5 km 内无"三废"污染及其他污染源，距离交通主干道 200 m 以外。

11.2.3 栽培

11.2.3.1 栽培方式

可采用大棚栽培和仿野生栽培。

11.2.3.2 种植时间

设施栽培时间宜在 3 月~6 月或 9 月~10 月，仿野生栽培时间宜在 3 月中旬~5 月中旬。

11.2.3.3 肥水管理

应薄肥勤施，最佳施肥季节为春、秋两季，春季施肥时间应在气温回升到 10℃ 左右，秋季施肥应以气温回落到 30℃ 内进行为宜。可施腐熟羊粪、蚕沙等基肥，叶面喷施有机水溶肥。

空气相对湿度在 75%~85%，如遇高温干旱，可在早晚雾喷降温。冬季以偏干为宜，有霜不浇水。

11.2.3.4 病虫害防控

病虫害主要有黑斑病、灰霉病、白绢病、蜗牛、蛞蝓、斜纹夜蛾、介壳虫等。采用杀虫灯、粘虫板等诱杀害虫，宜用防虫网隔离。合理使用农药，科学防治。主要病虫害防治用药参照 DB33/T 635 的规定，病虫害防治主要登记农药使用技术见附录 A。

11.2.4 采收与初加工

采收时间以当年 11 月至翌年 3 月为宜，剪取 2 年生（含）以上茎。

鲜条加工经挑选、除杂、去叶、去须根，按长短、粗细分类包装；干条加工将鲜茎清洗切段，置 50℃ ~85℃ 烘箱烘至水分≤12%；枫斗加工按 DB33/T 2198 的规定执行。

11.3 浙贝母

11.3.1 品种

应选择适应性强、抗病性强、丰产性好的优良品种，鼓励选用通过审（认）定的品种，如"浙贝 1 号""浙贝 3 号"等。

11.3.2 地块

选择质地疏松肥沃、排水良好、微酸性或近中性的田块。不宜连作，前作以水稻、大豆等禾本科和豆科作物为宜。

11.3.3 栽培

11.3.3.1 种植时间

播种时间宜在 9 月中旬 ~10 月下旬。

11.3.3.2 肥水管理

基肥：每亩施有机肥 300.0 kg~400.0 kg。

追肥：追施高浓度氮磷钾复合肥 3 次。12 月中下旬施 18.0 kg~20.0 kg，齐苗后施 5.0 kg~7.0 kg，摘花打顶后施 8.0 kg~10 kg。

播种后，到翌年 5 月上中旬植株枯萎前，土壤保持湿润。雨后需及时排水。

11.3.3.3 病虫害防控

病虫害主要有灰霉病、黑斑病、干腐病、软腐病、蛴螬、跳虫等。

合理使用农药，科学防治。主要病虫害防治用药参照 DB33/T 532 的规定，病虫害防治主要登记农药使用技术见附录 A。

11.3.4 采收与初加工

5 月中下旬地上部分茎叶枯萎后选晴天采挖，用短柄二齿耙从畦边开挖，二齿耙落在两行之间，边挖边拣，防止挖破地下鳞茎。

浙贝母洗净去杂，将鳞茎按大小分级，较大的挖去芯芽加工成大贝，挖下的芯芽加工成贝芯；较小的不去芯芽，加工成珠贝。将浙贝母脱皮拌上壳灰晒干，或鳞茎趁鲜切成厚片后晒干或烘干。

11.4 元胡（浙）

11.4.1 品种

宜选用优质、高产、抗逆性强的优良品种，鼓励选育通过审（认）定的品种，如"浙胡 1 号""浙胡 2 号""浙胡 3 号"等。

11.4.2 地块

宜选择土层较深、排水通畅、疏松肥沃、微酸性至中性的田块。宜水旱轮作，忌旱地连作。

11.4.3 栽培

11.4.3.1 种植时间

播种宜在 9 月下旬 ~11 月上旬晴天。

11.4.3.2 肥水管理

基肥：每亩施有机肥 150.0 kg~200.0 kg，钙镁磷肥 40.0 kg~50.0 kg。

追肥：12 月中下旬，每亩施尿素 8.0 kg~10.0 kg，宜用稻草等秸秆覆盖。2

月下旬，每亩施含硫复合肥 5.0 kg~6.0 kg。3 月中旬，每亩施尿素 3.0 kg~5.0 kg。块根膨大期根外追肥，每亩喷施浓度 0.5% 磷酸二氢钾，5 d~7 d 喷 1 次，连喷 2 次。

要保持土壤湿润，但避免积水。在干旱季节，要适时浇水，保证植株的正常生长和发育。

11.4.3.3 病虫害防控

病虫害主要有霜霉病、菌核病、白毛球象等。

合理使用农药，科学防治。病虫害防治主要登记农药使用技术见附录 A。

11.4.4 采收与初加工

在 4 月底~5 月上中旬，宜在植株全部枯萎后 3 d~5 d，选择在晴天用四齿耙等工具浅翻，边翻边捡净元胡块茎。要尽量避免挖碎块茎，防止采收过迟而导致块茎腐烂。

元胡的初加工方法有水煮法和生晒法。水煮法：元胡块茎用孔径 1 cm 的竹筛分成大小两级，洗净泥土，除去杂质，盛入竹筐，浸入沸水煮，煮至块茎横切面呈黄色且无白心时捞出，凉晒至干燥。生晒法：元胡块茎洗净，除去杂质，晒干。

11.5 灵芝

11.5.1 品种

宜选用优质、高产、抗逆性强的优良品种，鼓励选用通过审（认）定的品种，如"仙芝 1 号""仙芝 2 号""仙芝 3 号"。

11.5.2 地块

宜选择通风良好、水源清洁、排灌方便的田块。

11.5.3 栽培

11 月中旬至次年 1 月下旬制段接种，4 月~5 月排场，6 月出芝，采收孢子粉的灵芝在 7 月~8 月套筒。在栽培过程中需保持适当的湿度。

11.5.3.1 病虫害防控

病虫害主要有枯萎病、茎点枯病、叶斑病、炭疽病、菌蝇、蚜虫、螟虫、白蚁、蛞蝓等。

合理使用农药，科学防治。出芝期间严禁使用农药。主要病虫害防治用药参照 DB33/T 985 的规定。

11.5.4 采收与初加工

8 月~9 月，当芝盖边缘的白色生长圈消失转为红褐色时，菌盖表面色泽一致、不再增大时，在晴天采收灵芝子实体，用果树剪在灵芝留柄 1.5 cm~2.0 cm 处剪下菌盖，除去残根。将采收的子实体清除杂质，烘至含水量在 15% 以下切片。

8 月~9 月，在芝盖边缘的白色生长圈基本消失，孢子粉弹射完全时，采收孢子粉，用单个套筒或整畦套布等方式进行收集。

将采收孢子粉晒干或者烘干，控制含水量在 8% 以下。

11.6 莲子

11.6.1 品种

宜选择优质、高产、抗逆性强的优良品种，鼓励选用"宣莲 2 号""金芙蓉 1 号""金芙蓉 3 号"等。

11.6.2 地块

选择阳光充足、土层深厚、肥力充足的田块。

11.6.3 栽培

11.6.3.1 种植时间

种植时间宜在 3 月中下旬~4 月上旬的晴暖天。

11.6.3.2 肥水管理

基肥：每亩施有机肥 1 500.0 kg~2 000.0 kg、生石灰 45.0 kg~50.0 kg。

追肥：追施 4 次。立叶 2 片期，每亩施尿素 4.0 kg~5.0 kg、高浓度氮磷钾复合肥 6.0 kg~8.0 kg。始花期，每亩施尿素 8.0 kg~10.0 kg、高浓度氮磷钾复合肥 6.0 kg~ 8.0 kg。生长期，每亩施尿素 8.0 kg~10 kg、高浓度氮磷钾复合肥 14.0 kg~16.0 kg。8 月底~9 月上旬，每亩施尿素 8.0 kg~10 kg、高浓度氮磷钾复合肥 6.0 kg~8.0 kg。

在整个生长期不能断水、晒田，灌水原则是"浅 - 深 - 浅"，做到"浅不露泥，深不过尺"。生长前期需要浅水，从出苗到第 1 片~2 片立叶长出时，灌水 4 cm~8 cm，若遇倒春寒应适当加深水层保温护苗。生长中期需要较深水位，一般在 10 cm~25 cm。生长后期，水位下落至 8 cm~10 cm。

11.6.3.3 病虫害防控

病虫害主要有腐败病、褐斑病、斜纹夜蛾、莲缢管蚜等。
合理使用农药，科学防治。

11.6.4 采收与初加工

当莲蓬出现褐色斑纹，莲籽与莲蓬孔格之间稍有分离，莲籽果皮带紫色即可采收。一般在 7 月~9 月，以清晨采收最为适宜，尽量避免踩断藕鞭和损伤荷叶。

采收回来的莲子可立即加工，有手工加工和机械加工两种，经过脱粒、去壳、去皮、捅芯、干燥后可加工出符合市场要求的优质通芯莲子和莲芯。

11.7 金线莲

11.7.1 品种

宜选择优质、高产、抗逆性强的优良品种，鼓励选用通过审（认）定的品种，如"金康1号"等。

11.7.2 地块

选择生态条件良好、水源清洁、排水良好、立地开阔、通风、肥沃的平地或坡地，仿野生栽培优先选择300 m～800 m海拔的林地。

11.7.3 栽培

11.7.3.1 栽培方式

可采用设施栽培和仿野生栽培。

11.7.3.2 种植时间

栽培时间宜在3月上旬～4月中旬或9月中旬～10月上旬。

11.7.3.3 肥水管理

设施栽培：

基肥：泥炭基质土种植，可不施基肥。

追肥：种植20 d后，追施水溶性叶面肥。随后15 d～20 d喷1次，喷施2次～3次。

仿野生栽培：

基肥：视土壤肥力施肥。采用有机质含量高的腐殖土种植可不施基肥。采用有机质含量低的土壤种植可施适量有机肥。

追肥：种植后7 d～10 d，追施水溶性叶面肥。随后20 d～25 d喷1次，喷施1次～2次。

保持土壤湿润，但不能积水。

11.7.3.4 病虫害防控

病虫害主要有茎腐病、软腐病、灰霉病、蜗牛、蛞蝓、小地老虎等。

合理使用农药，科学防治。主要病虫害防治用药参照DB33/T 468.3的规定。

11.7.3.5 采收与初加工

全草采收种植6个月以上的植株。

经清洗、挑拣、剔除病叶残叶、分级、包装成鲜品。鲜品沥干水分后进行晒干或烘干，

烘干温度为55℃～90℃。

11.8 白术

11.8.1 品种

应选择适应性强、抗病性强、丰产性好的优良品种，鼓励选用通过审（认）定的品种，如"浙术1号""浙术2号"等。

11.8.2 地块

应选择土层深厚、土壤肥沃、气候凉爽、排水好的田块，前作田块最好是水稻。

11.8.3 栽培

11.8.3.1 种植时间

栽种宜在11月至翌年4月初。

11.8.3.2 肥水管理

基肥：每亩施有机肥150.0 kg～200.0 kg、高浓度氮磷钾复合肥37.5 kg～50 kg。

追肥：齐苗后，每亩施高浓度氮磷钾复合肥15.0 kg～20.0 kg。7月上中旬，每亩施尿素8.0 kg～10.0 kg。8月上中旬，每亩施尿素15.0 kg～20.0 kg。10月视苗情叶面可喷施0.2%的磷酸二氢钾1次～2次。

白术生长时期，需要充足的水分，尤其是根茎膨大时期更需要水分，若遇干旱应及时浇水灌溉。若雨后积水，应及时排水。

11.8.3.3 病虫害防控

病虫害主要有立枯病、根腐病、白绢病、铁叶病、蚜虫、小地老虎等。

合理使用农药，科学防治。主要病虫害防治用药参照DB33/T 381的规定，病虫害防治主

要登记农药使用技术见附录A。

11.8.4 采收与初加工

11月上中旬，当白术茎秆变黄褐色、叶片枯黄时选晴天及时采收。掘起术株，敲落泥块，剪去茎秆，留下根茎待加工。

加工方法按照《浙江省中药炮制规范（2015年版）》的规定执行。

11.9 代代

11.9.1 品种

应选择适应性强、抗病性强、丰产性好的优良品种。

11.9.2 地块

选择肥沃疏松、有机质含量高的田块。

11.9.3 栽培

11.9.3.1 种植时间

种植宜在 9 月底 ~10 月底。

11.9.3.2 肥水管理

基肥：每株施有机肥 5.0 kg~10.0 kg，高浓度氮磷钾复合肥 0.5 kg~1.0 kg。

追肥：春季每株施尿素 0.25 kg~0.5 kg，15 d~20 d 后施高浓度氮磷钾复合肥 0.15 kg~0.25kg。夏季挂果前每株施高浓度氮磷钾复合肥 0.15 kg~0.25 kg。秋冬季每株施有机肥 5.0kg~10.0 kg。

保持土壤湿润，忌过度浇水。在干旱时要及时浇水，夏季时不宜浇水过多造成积水，冬季植株处于休眠状态，须控制浇水。

11.9.3.3 病虫害防控

病虫害主要有灰霉病、黑斑病、红蜘蛛、蚜虫等。

合理使用农药，科学防治。

11.9.4 采收与初加工

代代花：4 月 ~5 月选夏天上午露水干后采收，摘取含苞未开的花朵，用微火烘干。

枳实：5 月 ~6 月收集自落的果实，除去杂质，自中部横切为两半，晒干或低温干燥，较小者直接晒干或低温干燥。

枳壳：大暑前后采摘绿色尚未成熟的果，在晴天横切对开，一片一片铺开，晒时瓤肉（切口）向上，切勿沾灰、沾水，晒至半干后，再反转晒皮至全干。若阴雨天，可用火烘，切口向下，烘火力稍大点，半干后，小火烘至全干。

11.10 生姜

11.10.1 品种

宜选择优质丰产、抗逆性强的优良品种，如"五指岩姜"。

11.10.2 地块

选择土层深厚松软、土质肥沃、排灌方便、保水保肥能力强的田块。

11.10.3 栽培

11.10.3.1 种植时间

采用春播，10 cm 地温稳定在 15℃ 以上为宜。

11.10.3.2 肥水管理

基肥：每亩施有机肥 500.0 kg~1 000.0 kg，高浓度氮磷钾复合肥 30.0 kg~40.0 kg。

追肥：视苗情追施。苗高 30 cm 左右时，每亩追施尿素 8.0 kg~10.0 kg。根茎膨大期，每亩追施高浓度氮磷钾复合肥 20.0 kg~30.0 kg。8 月中下旬，当姜叶出现泛黄时每亩追施施高浓度氮磷钾复合肥 10.0 kg~20.0 kg。

土壤保持湿润，不发生土壤积水的情况。

11.10.3.3 病虫害防控

病虫害主要有姜腐烂病、斑点病、炭疽病、叶枯病、姜螟、姜蛆等。

合理使用农药，科学防治。

11.10.4 采收与初加工

于 11 月上旬初霜到来之前选择晴天采收。

收获后应就地修整，挑选、除杂、去须根、茎、叶，晒干或烘干，也可切成片状或者块状。

11.11 枇杷

11.11.1 品种

宜选择优质、高产、抗逆性强的优良品种。

11.11.2 地块

选择土层深厚、土质疏松、保水保肥力强、排水良好的田块。

11.11.3 栽培

11.11.3.1 种植时间

种植时间宜在 2 月下旬~3 月中旬或 10 月中旬~11 月上旬。

11.11.3.2 肥水管理

幼龄树：

基肥：每株施有机肥 2.0 kg~4.0 kg。

追肥：追施 4 次。2 月、4 月、8 月、10 月每株各施 0.2%~0.3% 尿素加 0.1%~0.2% 复合肥的水肥 3.0 kg~5.0 kg。

结果树：

基肥：10 月中下旬，每株施有机肥 10.0 kg~15.0 kg。

追肥：追施 3 次。2 月下旬~3 月上旬，每株施高钾复合肥 0.5 kg~0.8 kg。4 月初，每株施硫酸钾 0.3 kg~0.5 kg。采果后，每株施高氮型复合肥 0.8 kg~1.0 kg、尿素 0.1 kg~0.2 kg。

结果生长期缺水和采果后 7 月~8 月高温干旱季节应及时灌水或喷水，多雨季节或果园积水时应及时排水。

11.11.3.3 病虫害防控

病虫害主要有炭疽病、叶斑病、褐腐病、天牛、梨小食心虫、枇杷黄毛虫等。

合理使用农药，科学防治。主要病虫害防治用药参照 DB33/T 468.3 的规定。

11.11.4 采收与初加工

枇杷叶，全年均可采收，晒至七、八成时，扎成小把，再晒干。

枇杷花，冬、春季花未开放时采收，除去杂质，晒干。

11.12 玄参

11.12.1 品种

宜选用适应性强、抗病性强、丰产性好的优良品种，鼓励选用通过审（认）定的品种，如"浙玄 1 号"等。

11.12.2 地块

宜选择土质疏松、土层深厚、排水良好的田块。不宜选与白术及豆科、茄科等易发白绢

病的作物轮作的田块。

11.12.3 栽培

11.12.3.1 种植时间

种植时间宜在 12 月中旬至翌年 1 月下旬。

11.12.3.2 肥水管理

基肥：每亩施有机肥 300.0 kg～400.0 kg。

追肥：追施 3 次。齐苗后，施尿素 5.0 kg～7.0 kg。苗高 30 cm 时，施尿素 8.0 kg～10.0 kg，

现蕾初期，施尿素 10.0 kg～15.0 kg。

干旱时需灌溉，使土壤保持湿润。若下雨积水时，应及时排水。

11.12.3.3 病虫害防控

病虫害主要有叶枯病、白绢病、黑点球象、小地老虎等。

合理使用农药，科学防治。主要病虫害防治用药参照 DB33/T 487 的规定。

11.12.4 采收与初加工

秋末冬初，当玄参地上茎叶枯萎时，割去茎秆，选晴天采挖，切下块根。

加工方法按照《浙江省中药炮制规范（2015 年版）》的规定执行。

「婺八味」金华本草

248

附录A

（资料性附录）

中药材病虫害防治主要登记农药使用技术

A.1 中药材病虫害防治主要登记农药使用技术

中药材病虫害防治主要登记农药使用技术见表A.1。

表 A.1 中药材病虫害防治主要登记农药使用技术

中药材	登记药剂	防治对象	使用剂量	施用方法	每季最多使用次数	安全间隔期
铁皮石斛	68% 精甲霜·锰锌水分散粒剂	疫病	500～600 倍	喷雾	3 次	14 天
	33.5% 喹啉铜悬浮剂	软腐病	500～1 000 倍	喷雾	3 次	14 天
	20% 噻森铜悬浮剂	软腐病	500～600 倍	喷雾	3 次	28 天
	75% 苯醚·咪鲜胺可湿性粉剂	炭疽病	1 000～1 500 倍	喷雾	2 次	30 天
	25% 咪鲜胺乳油	炭疽病	1 000～1 500 倍	喷雾	3 次	28 天
	450 克/升咪鲜胺水剂	黑斑病	900～1 350 倍	喷雾	3 次	28 天
	16% 井冈·噻呋悬浮剂	白绢病	1 000～2 000 倍	喷雾	2 次	14 天
	22.5% 啶氧菌酯悬浮剂	叶锈病	1 200～2 000 倍	喷雾	3 次	28 天
	80% 烯酰吗啉水分散粒剂	霜霉病	2 400～4 800 倍	喷雾	3 次	28 天
	12% 四聚乙醛颗粒剂	蜗牛	325～400 g/亩	撒施	1 次	7 天
	20% 松脂酸钠可溶粉剂	介壳虫	200～400 倍	喷雾	-	-
	30% 松脂酸钠水乳剂	介壳虫	500～600 倍	喷雾	-	-
杭白菊	5% 甲氨基阿维菌素水分散粒剂	斜纹夜蛾	1 200～1 500 倍	喷雾	1 次	7 天
	8% 井冈霉素A 水剂	根腐病	200～250 倍	喷淋或灌根	3 次	14 天
		叶枯病	200～250 倍	喷雾	3 次	14 天
	25% 吡蚜酮可湿性粉剂	蚜虫	1 000～1 200 倍	喷雾	3 次	14 天
浙贝母	3% 阿维·吡虫啉颗粒剂	蛴螬	2-3 kg/亩	药土法	1 次	21 天
元胡	25% 嘧霉胺可湿性粉剂	菌核病	400～600 倍	喷雾	2 次	7 天
	2% 甲维盐乳油	白毛球象	1200～2 000 倍	喷雾	2 次	7 天
	722 克/升霜霉威盐酸盐水剂	霜霉病	500～600 倍	喷雾	3 次	7 天
白术	6% 井冈·嘧苷素水剂	白绢病	200～250 倍	喷淋	3 次	7 天
	20% 井冈霉素水溶粉剂	白绢病	300～400 倍	喷淋	3 次	14 天
	60% 井冈霉素可溶粉剂	立枯病	1 000～1 200 倍	喷淋	3 次	14 天
	5% 二嗪磷颗粒剂	小地老虎	2 000～3 000 g/亩	撒施	1 次	75 天

附录 B

（资料性附录）

中药材生产管理记录表

B.1 中药材生产管理记录表

中药材生产管理记录表见表 B.1。

表 B.1 中药材生产管理记录表

县（市、区）			基地名称			
基地规模（亩）		海拔高度（米）		坡向		土壤类型	
种植品种		种植时间		栽培方式（段木或代料）		水源情况	
土壤、基质处理情况				肥料种类、使用时间及处理情况			
常见病、虫、鼠、草、蚁害及防治情况	种类	发生时间及危害情况（症状及发生率、拍摄照片）	绿色防控技术或生物农药	化学农药使用情况			
				农药种类	使用时间和频次	安全间隔期
采收及产地加工情况	采收时间	产量（千克/亩）	产地加工方式（晒）烘干（温度）	包装方式及材料	储藏方式及条件	
有无建立全程质量追溯管理及合格证制度，执行情况及问题建议			产品检测及自检合格率情况，不合格的指标及原因分析			

填表联系人：　　　　　　　　　　　　　　　　　　日期：